21世纪高等学校精品规划教材

C++面向对象程序设计

主　编　栗青生　王爱民

副主编　刘明亮　杨玉星　刘国英　吴琴霞

内 容 提 要

本书从实际应用出发，系统地介绍C++面向对象程序设计的原理、方法和技巧。重点突出，叙述清楚，深入浅出，论述详尽，使读者既能深刻领会面向对象程序设计的思想，了解面向对象程序设计的特征，又能掌握C++语言的编程与应用。全书共8章，主要内容包括：面向对象程序设计语言概述、C++语言基础知识、类和对象、对象成员和友元、继承和派生、多态性和运算符重载、模板、C++的输入/输出流。在每一章的知识点后面，都给出了相应的程序设计实例，这些实例不仅有助于读者巩固知识点的内容，而且有助于读者的创新能力的培养。

本书适合作为普通高等院校计算机及其相关专业C++程序设计教材，也可供从事计算机软件开发的科研人员使用。

本书所配电子教案、程序源代码等均可从中国水利水电出版社网站以及万水书苑下载，网址为：http://www.waterpub.com.cn/softdown/和 http://www.wsbookshow.com，也可以与编者（aylqs@163.com）联系，或登录该课程教学网站（www.aylqs.cn），获取更多教学资源。

图书在版编目（CIP）数据

C++面向对象程序设计 / 栗青生，王爱民主编. --
北京 : 中国水利水电出版社，2010.2（2015.8重印）
21世纪高等学校精品规划教材
ISBN 978-7-5084-7197-6

Ⅰ. ①C… Ⅱ. ①栗… ②王… Ⅲ. ①
C语言－程序设计－高等学校－教材 Ⅳ. ①TP312

中国版本图书馆CIP数据核字(2010)第023003号

策划编辑：雷顺加　责任编辑：宋俊娥　加工编辑：陈　欣　封面设计：李　佳

书　名	21世纪高等学校精品规划教材 C++面向对象程序设计
作　者	主　编　栗青生　王爱民 副主编　刘明亮　杨玉星　刘国英　吴琴霞
出版发行	中国水利水电出版社 （北京市海淀区玉渊潭南路1号D座　100038） 网址：www.waterpub.com.cn E-mail：mchannel@263.net（万水） sales@waterpub.com.cn 电话：（010）68367658（发行部）、82562819（万水）
经　售	北京科水图书销售中心（零售） 电话：（010）88383994、63202643、68545874 全国各地新华书店和相关出版物销售网点
排　版	北京万水电子信息有限公司
印　刷	三河市鑫金马印装有限公司
规　格	184mm×260mm　16开本　14.25印张　350千字
版　次	2010年3月第1版　2015年8月第2次印刷
印　数	4001—7000册
定　价	25.00元

前　　言

作为学习可视化面向对象技术的入门基础，C++语言已开始代替传统的 C 语言成为计算机教学语言。C++以类、对象、继承、封装、消息等概念提供了对面向对象特征的全面支持，又向下兼容了传统的 C 语言的结构化程序设计特征。因此，全面系统地学习 C++面向对象的程序设计语言，是可视化面向对象语言编程的基础。

任何一种计算机语言都离不开实践，本教材更注重理论和实践的统一，通过在每一章后面提供的程序实例、思考练习题和课本最后的实验，向读者提供丰富的操作、实验和实践题目，以期读者在实践中掌握面向对象程序设计语言的精髓。

本书共分 8 章，其中第 1 章主要讲述面向对象的基本思想；第 2 章讲述 C++语言基础；第 3 章到第 8 章讲述面向对象 C++的类、对象、派生、多态、重载等技术的理论、实例和应用，这是本教材的重点。

本书具有如下特点：

1．采用“理论＋实例＋实践”三结合的教学体系，更加重视学生实践能力的培养。

2．结合作者多年讲授“C++面向对象程序设计”的经验，灵活地安排课程的结构和内容，重点突出、难点易懂，即使没有 C 语言基础的读者也能系统地掌握。

3．考虑到不同学校实验平台的差异，精心设计的例题和实例在 Microsoft Visual C++ 6.0 系统和 Microsoft Visual Studio 2005/2008 系统上都能调试通过。

4．本教材的配套教学资源十分丰富，不仅有针对教师和学生的学习课件、配套的教学网站，而且还有教学视频，更方便学生自学。

本书由栗青生、王爱民任主编，刘明亮、杨玉星、刘国英、吴琴霞任副主编，参加编写的还有张长青、吴兴丽、杜科、郑小明、王胜金等，王娟、高春玲、刘超群、张智会、沙飞翔、潘中豪等同学参与了程序的调试，在此，对他们的帮助表示衷心的感谢。

本书配有电子教案、教学课件、课程辅导网站，需要者可以直接与编者联系。E-mail：aylqs@163.com。

教学网站：www.aylqs.cn。

由于编写时间仓促，教材中难免存在不足之处，敬请读者指正。

编　者

2010 年 1 月

目　　录

前言

第 1 章　面向对象程序设计语言概述 …… 1

1.1　面向对象程序设计概述 …… 1

1.1.1　面向对象程序设计 …… 1

1.1.2　面向对象的软件工程 …… 2

1.1.3　面向对象的主要概念 …… 2

1.2　面向对象程序设计的特点 …… 4

1.2.1　传统程序设计方法的局限性 …… 4

1.2.2　面向对象程序设计的主要优点 …… 4

1.3　面向对象的系统开发方法 …… 6

1.3.1　典型的面向对象程序设计语言 …… 7

1.3.2　C++面向对象程序设计流程 …… 8

1.4　程序举例 …… 9

本章小结 …… 12

习题 1 …… 13

第 2 章　C++语言基础知识 …… 15

2.1　C++语言的产生和发展 …… 15

2.1.1　C++的产生 …… 15

2.1.2　C++的特点 …… 16

2.2　C++程序的结构及编程环境 …… 16

2.2.1　C++程序基本格式 …… 16

2.2.2　C++程序的结构 …… 18

2.2.3　C++程序的编程环境 …… 19

2.3　C++的数据类型 …… 25

2.3.1　关键字和标识符 …… 25

2.3.2　C++的基本数据类型 …… 26

2.3.3　常量 …… 26

2.3.4　变量 …… 31

2.3.5　数组 …… 34

2.3.6　结构体 …… 36

2.3.7　联合体 …… 39

2.3.8　枚举类型 …… 40

2.3.9　用 typedef 类型 …… 41

2.3.10　数据类型转换 …… 41

2.4　运算符、表达式和基本语句 …… 42

2.4.1　运算符 …… 42

2.4.2　表达式 …… 52

2.4.3　基本语句 …… 54

2.5　函数 …… 57

2.5.1　函数的分类 …… 57

2.5.2　函数的定义 …… 58

2.5.3　函数的声明 …… 59

2.5.4　函数的调用 …… 59

2.5.5　内联函数 …… 60

2.5.6　函数的重载 …… 61

2.6　作用域和引用 …… 62

2.6.1　作用域标识符 …… 62

2.6.2　引用 …… 63

2.7　程序举例 …… 66

本章小结 …… 69

习题 2 …… 70

第 3 章　类和对象 …… 71

3.1　类的概念 …… 71

3.1.1　类的引入 …… 71

3.1.2　类的定义 …… 72

3.1.3　类的成员函数 …… 74

3.2　对象 …… 76

3.2.1　对象的定义 …… 76

3.2.2　对象成员的访问 …… 77

3.2.3　类成员的访问属性 …… 78

3.2.4　对象赋值语句 …… 80

3.2.5　类的作用域 …… 80

3.2.6　自引用指针 …… 81

3.3　构造函数 …… 82

3.3.1　构造函数 …… 82

3.3.2　成员初始化表 …… 86

3.3.3　缺省参数的构造函数 …… 88

3.3.4 缺省的构造函数 …… 89
3.4 析构函数 …… 91
3.4.1 析构函数的构成和作用 …… 91
3.4.2 缺省的析构函数 …… 94
3.5 再谈构造函数 …… 94
3.5.1 重载构造函数 …… 94
3.5.2 拷贝构造函数 …… 95
3.5.3 浅拷贝和深拷贝 …… 100
3.6 程序举例 …… 103
本章小结 …… 106
习题 3 …… 106
第 4 章 对象成员和友元 …… 108
4.1 对象成员 …… 108
4.2 对象数组与对象指针 …… 109
4.2.1 对象数组 …… 109
4.2.2 对象指针 …… 111
4.2.3 指向类的成员的指针 …… 113
4.3 向函数传递对象 …… 116
4.4 静态成员 …… 118
4.4.1 静态数据成员 …… 118
4.4.2 静态成员函数 …… 120
4.4.3 通过普通指针访问静态成员 …… 121
4.5 友元 …… 121
4.5.1 友元函数 …… 122
4.5.2 友元成员 …… 122
4.5.3 友元类 …… 124
4.6 常类型 …… 124
4.6.1 常引用 …… 124
4.6.2 常对象 …… 125
4.6.3 常对象成员 …… 126
4.7 程序举例 …… 128
本章小结 …… 133
习题 4 …… 134
第 5 章 继承和派生 …… 136
5.1 继承与派生 …… 136
5.1.1 继承与代码重用 …… 136
5.1.2 派生类的声明 …… 137
5.1.3 派生类对基类成员的访问 …… 138
5.1.4 派生类对基类成员的访问规则 …… 138
5.2 派生类的构造函数和析构函数 …… 143
5.2.1 派生类构造函数和析构函数的执行顺序 …… 143
5.2.2 派生类构造函数和析构函数的构造规则 …… 144
5.3 多继承 …… 146
5.3.1 多继承的声明 …… 147
5.3.2 多继承的构造函数和析构函数 …… 148
5.3.3 虚基类 …… 150
5.4 赋值兼容规则 …… 152
5.5 程序举例 …… 154
本章小结 …… 158
习题 5 …… 159
第 6 章 多态性和运算符重载 …… 161
6.1 多态性 …… 161
6.1.1 通用多态和专用多态 …… 161
6.1.2 多态的实现 …… 162
6.2 虚函数 …… 162
6.2.1 虚函数的作用和定义 …… 164
6.2.2 虚析构函数 …… 165
6.2.3 虚函数与重载函数的关系 …… 166
6.2.4 多继承与虚函数 …… 167
6.3 纯虚函数和抽象类 …… 168
6.3.1 纯虚函数 …… 168
6.3.2 抽象类 …… 169
6.4 运算符重载 …… 170
6.4.1 运算符重载概述 …… 170
6.4.2 运算符重载规则 …… 171
6.5 运算符重载函数的形式 …… 171
6.5.1 成员运算符函数 …… 171
6.5.2 友元运算符函数 …… 175
6.5.3 成员运算符函数与友元运算符函数的比较 …… 181
6.6 程序举例 …… 183
本章小结 …… 190
习题 6 …… 191
第 7 章 模板 …… 193
7.1 模板的概念 …… 193
7.2 函数模板与模板函数 …… 193

7.2.1 函数模板的说明 ……………………………… 193
7.2.2 函数模板的使用 ……………………………… 194
7.3 模板函数的覆盖 ……………………………… 195
7.4 类模板与模板类 ……………………………… 196
7.5 程序举例 ……………………………… 198
本章小结 ……………………………… 201
习题 7 ……………………………… 201
第 8 章 C++的输入/输出流 ……………………………… 203
8.1 C++的流 ……………………………… 203
8.1.1 流的概念 ……………………………… 203
8.1.2 I/O 流类体系概述 ……………………………… 204
8.2 格式化输入输出 ……………………………… 206
8.2.1 输出宽度控制：setw 和 width ……… 207
8.2.2 填充字符控制：setfill 和 fill ………… 207
8.2.3 输出精度控制：setprecision 和 precision ……………………………… 208
8.2.4 其他格式状态 ……………………………… 209
8.3 文件的输入输出 ……………………………… 209
8.3.1 文件的打开与关闭 ……………………………… 210
8.3.2 文件的读写 ……………………………… 211
8.3.3 文件读写位置指针 ……………………………… 213
8.4 程序举例 ……………………………… 214
本章小结 ……………………………… 217
习题 8 ……………………………… 217
附录 实验 ……………………………… 219
参考文献 ……………………………… 222

第 1 章　面向对象程序设计语言概述

学习过 C 语言的都知道，C 是面向过程的程序设计语言，也就是说 C 程序的设计首要考虑的是如何通过一个过程，对输入（或环境条件）进行运算处理得到输出（或实现过程（事务）控制）。这个过程的重点在于算法和数据结构。对于 C++，程序设计首先要考虑的是如何构造一个“模型”，让这个模型能够契合与之对应的问题域，这样就可以通过获取“模型”的状态信息得到输出（或实现过程（事务）控制）。这里的“模型”也称之为“对象模型”，因此 C++是面向对象的程序设计语言。

许多人都把 C++称为“带类的 C”。的确，对象模型的状态信息是由一些抽象的信息实例化得到的。这些抽象信息也就是我们说的“类”，所以说 C++是在 C 的基础上引入面向对象的“类”的机制而形成的一门程序设计语言。C++几乎继承了 C 的所有特点，同时添加了面向对象的特征。C++既支持面向过程的程序设计，又支持面向对象的程序设计。面向过程的程序设计语言是基于功能分析的，以算法为中心的程序设计方法；而面向对象的程序设计语言是基于结构分析的，以数据为中心的程序设计方法。

面向对象的程序设计方法具有三大特征：封装性、继承性和多态性，其基本思想是尽可能模拟人类的自然思维方式来构造软件系统，不仅可以提高对用户需求的适应性，而且支持软件复用。

- 了解面向对象程序设计的思想
- 掌握面向对象中出现的基本概念
- 掌握面向对象中出现的基本特征
- 掌握面向对象程序设计的优点

1.1　面向对象程序设计概述

软件工程学家 Coad/Yourdon 认为：面向对象=对象+类+继承+消息。如果一个计算机软件系统采用这些概念来建立模型并予以实现，我们就说它就是面向对象的。下面将阐述面向对象的程序设计和面向对象的设计方法。

1.1.1　面向对象程序设计

面向对象程序设计（Object Oriented Programming，缩写 OOP），指一种程序设计范型，同时也是一种程序开发的方法论。它将对象作为程序的基本单元，将程序和数据封装其中，以提高软件的重用性、灵活性和扩展性。

当我们提到面向对象的时候，它不仅指一种程序设计方法，它更多意义上是一种程序开发范式。在这一方面，我们必须了解更多关于面向对象系统分析和面向对象设计（Object Oriented Design，简称 OOD）方面的知识。

面向对象程序设计的雏形早在 1960 年的 Simula 语言中即可发现，当时的程序设计领域正面临着一种危机：在软硬件环境逐渐复杂的情况下，软件如何得到良好的维护？面向对象程序设计在某种程度上通过强调可重复性解决了这一问题。20 世纪 70 年代的 SmallTalk 语言在面向对象方面堪称经典，以至于 40 年后的今天依然将这一语言视为面向对象语言的基础。

面向对象程序设计可以被视作一种在程序中包含各种独立而又互相调用的单位和对象的思想，这与传统的思想刚好相反：传统的面向过程程序设计主张将程序看作一系列函数的集合，或者直接就是一系列对电脑下达的指令。面向对象程序设计中的每一个对象都应该能够接受数据、处理数据并将数据传达给其它对象，因此它们都可以被看作一个小型的“机器”，或者说是负有责任的角色。

目前已经被证实的是，面向对象程序设计推广了程序的灵活性和可维护性，并且在大型项目设计中广为应用。

1.1.2 面向对象的软件工程

传统的软件工程方法曾经给软件产业带来了巨大进步，部分缓解了软件危机，但随着人们对软件产品需求的日益增加，其缺点越来越突出。为了克服传统工程开发的缺点，20 世纪 70 年代提出了面向对象方法，现在它已经有很广泛的应用。面向对象软件工程是面向对象方法在软件工程领域运用的结果。

1.1.3 面向对象的主要概念

1. 对象

对象是一个实体，可以是现实世界中具体的物理实体或概念化的抽象实体。

在现实生活中，任何事物都是对象，具体存在的事物，比如一个学校是对象，桌、椅是对象，抽象事物比如规章制度也是对象。对象既可以很简单，也可以很复杂。一般一个对象都有一个区别于其他事物的名字，也有描述它特征的属性，以及一组操作，这组操作既可以是自身所承受的，也可以是施加给其他对象的。

在面向对象程序设计中，对象是一个封装数据（属性，静态特征）和操作（服务，动态特征）的实体，是构成系统的基本单元。当用户使用一个对象的时候，只能通过对象所提供的对外界的接口进行访问，而不必知道它的操作方法，就像我们知道的黑匣子一样，你可以使用它提供的接口，却不用知道内部的构造。这就大大方便了用户的使用，使对象的使用变得十分简单。同样，因为在外面看不到对象的内部，更无法对它进行修改，因而也有很高的安全性和可靠性。

2. 类

类是具有相同属性和相同操作的对象的集合，是抽象数据类型的实现。在此定义一个学生类，众所周知，学生具有的属性一般有姓名、学号、性别、成绩等，相应的操作有入学，修改、显示、毕业等。当入学时，需要一定的操作将此学生的信息加入学生类中，而毕业则应该

撤消其相应的信息。具体到每个学生则是学生类的一个实例，也就是一个对象。

可以说，对象的抽象是类，类的实例是对象。在客观世界存在的是类的实例，即对象。比如上例中的学生，我们通常不说抽象的“学生”，而是一个个具体的学生，他们有着自己的姓名、学号等。

在面向对象的程序设计中，总是先声明类，再定义此类的对象，类是创建对象的模板，给出了属于该类的全部对象的抽象定义。就像大批量生产某种产品时，我们总是先把这种商品的模具做好，然后开始生产产品，经过一个模具生产的产品，总有相同的特征。在这里可以把模具看作类，而生产出来的产品看作对象。

3. 封装

所谓数据封装就是指将一组数据和与这组数据有关的操作集合组装在一起，形成一个能动的实体。封装是指把对象属性和操作结合在一起，构成独立的单元，它的内部信息对外界是隐蔽的，不允许外界直接存取对象的属性，只能通过有限的接口与对象发生联系。

在面向对象的程序设计中，封装是把数据和实现操作的代码放在对象内部，隐蔽一些内部细节。类是数据封装的工具，对象是封装的实现。外界要访问时需要通过类，类的访问控制机制体现在类的成员中可以有公有成员、私有成员和保护成员。其中共有成员和保护成员允许访问，私有成员是不允许访问的。对于外界而言，只需要知道对象所表现的外部行为，而不必了解内部实现细节。封装体现了面向对象方法的“信息隐蔽和局部化原则”。

4. 继承

从已有的对象类型出发建立一种新的对象类型就是继承。继承在现实生活中是普遍存在的，比如说我们经常见到的汽车，它就继承了机动车的一些特点，比如都需要燃料、引擎等。同样它也有自己的一些特征，引入继承的一个原因是可以提高代码的重用率，更重要的是对代码的扩充。

面向对象的程序设计中，继承指子类（派生类）可以自动拥有父类（基类）的全部属性和服务。父类和子类是一般与特殊的关系。在定义一个子类时，可以把父类所定义的内容作为自己的内容，并加入若干新的内容。继承是面向对象语言的重要特性，提高了软件的可重用性。

继承分为单重继承和多重继承。单重继承时，一个子类只有一个父类，它继承的是一个基类的特征。多重继承时，一个子类可以有多个父类，它所继承的特征可能不止来自于一个基类。单重继承构成的类之间的关系是树状结构，多重继承构成的类之间的关系是网状结构。

5. 消息

在现实生活中对象都不会是孤立存在的，他们之间都存在着这种或者那种的联系。在面向对象程序中也需要一种机制对这种联系进行描述，这就是消息机制。

首先来解释一下消息，消息是指对象之间在交互通信中所传送的信息，即一个对象对另一个对象发出的请求。一般情况下，我们把发送消息的对象称为发送者或者请求者，接收消息的对象称为接收者或者目标对象。当一个对象向另一个对象发送消息请求某项服务时，接收消息的对象响应该消息，进行所要求的服务，并把操作的结果返回给请求服务的对象。这样就完成了消息的传递。

消息由三部分构成：消息名、接收消息的对象标识和参数。一般它具有以下几个性质：

（1）一个对象可以接收不同的消息，进行不同的响应。

（2）相同的消息被不同的对象接收，做出的响应也可以是不同的。

（3）有些对象可以只接收对象，而不用响应，即对消息的响应并不是必需的。

消息也可以分为两类：公有的和私有的。当有一些消息传递给一个对象时，如果消息是其他对象直接传给它的，这些消息就是公有（public）消息；如果消息是这个对象传给它自己的，这些消息就称为私有（private）消息。

6. 多态性

多态性是指相同的操作、函数或过程可作用于多种类型的对象上并获得不同的结果。多态性也是面向对象系统的重要特征。在面向程序的设计中，多态性是指在基类中定义的属性和服务被子类继承后，可以具有不同的数据类型和表现出不同的行为。当一个对象接收到一个请求进行某项服务的消息时，将根据对象所属的类，动态地选用该类中定义的操作。不同的类对消息按不同的方式解释。

多态性机制不但为软件设计提供了灵活性，减少信息冗余，而且显著提高了软件的可复用性和可扩充性。C++中的多态可以分为四类：参数多态、包含多态、重载多态和强制多态。这些将会在后面的课程中一一进行介绍。

C++支持两种多态性，分别是编译时的多态性和运行时的多态性。在此，编译时的多态性是通过重载实现的，运行时的多态性是通过虚函数实现的。这些内容将在第 6 章详细讲述。

1.2 面向对象程序设计的特点

1.2.1 传统程序设计方法的局限性

用传统的结构化方法开发大型软件系统涉及各种不同领域的知识，在开发需求模糊或需求动态变化的系统时，所开发出的软件系统往往不能真正满足用户的需要。

传统的程序设计方法存在下面几点局限性：

（1）传统程序设计开发软件的生产效率低下。

（2）传统程序设计难以应付日益庞大的信息量和多样的信息类型。

（3）传统的程序设计难以适应各种新环境。

实践证明，用传统方法开发出来的软件，维护时其费用和成本仍然很高，原因是可修改性差，维护困难，导致可维护性差。

用结构化方法开发的软件，其稳定性、可修改性和可重用性都比较差。这是因为结构化方法的本质是功能分解，从代表目标系统整体功能的单个处理着手，自顶向下不断把复杂的处理分解为子处理，这样一层一层地分解下去，直到仅剩下若干个容易实现的子处理功能为止，然后用相应的工具来描述各个最底层的处理。因此，结构化方法是围绕实现处理功能的“过程”来构造系统的。然而，用户需求的变化大部分是针对功能的，因此，这种变化对于基于过程的设计来说是灾难性的。用这种方法设计出来的系统结构常常是不稳定的，用户需求的变化往往造成系统结构的较大变化，从而需要花费很大代价才能实现这种变化。

1.2.2 面向对象程序设计的主要优点

面向对象程序设计既吸取了结构化程序设计的一切优点，又考虑了现实世界与面向对象解空间的映射关系，它所追求的目标是将现实世界的问题求解尽可能简单化。面向对象程序设计将数据及对数据的操作放在一起，作为一个相互依存、不可分割的整体来处理，并采用了数据抽象和信息隐藏技术。它将对象及对象的操作抽象成一种新的数据类型——类，并且考虑不同对象之间的联系和对象所在类的重要性。

面向对象程序设计优于传统的结构化程序设计，其优越性表现在，它有希望解决软件工程的两个主要的问题——软件复杂性控制和软件生产率的提高。此外它还符合人类的思维习惯，能够自然地表现现实世界的实体和问题，它对软件开发过程具有重要的意义。

在面向对象程序设计中可以用下面的式子表示程序：

程序=对象+对象+…+对象

对象=算法+数据结构+程序设计语言+语言环境

在结构化程序设计中可以用下面的式子表示程序：

程序=数据结构+算法+程序设计语言+语言环境

面向对象的程序设计具有如下优点：

（1）符合人们习惯的思维方法，便于分解大型的复杂多变的问题。由于对象对应于现实世界中的实体，因而可以很自然地按照现实世界中处理实体的方法来处理对象，软件开发者可以很方便地与问题提出者进行沟通和交流。

传统的程序设计技术是面向过程的设计方法，这种方法以算法为核心，把数据和过程作为相互独立的部分，数据代表问题空间中的客体，程序代码用于处理这些数据。

把数据和代码作为分离的实体，反映了计算机的观点，因为在计算机内部数据和程序是分开存放的。但是，这样做的时候总存在使用错误的数据调用正确的程序模块，或使用正确的数据调用错误的程序模块的危险。使数据和操作保持一致，是程序员的一个沉重负担，在多人分工合作开发一个大型软件系统的过程中，如果负责设计数据结构的人中途改变了某个数据的结构而又没有及时通知所有人员，则会发生许多不该发生的错误。

传统的程序设计技术忽略了数据和操作之间的内在联系，用这种方法所设计出来的软件系统其解空间与问题空间并不一致，令人感到难以理解。实际上，用计算机解决的问题都是现实世界中的问题，这些问题无非由一些相互间存在一定联系的事物组成。每个具体的事物都具有行为和属性两方面的特征。因此，把描述事物静态属性的数据结构和表示事物动态行为的操作放在一起构成一个整体，才能完整、自然地表示客观世界中的实体。

面向对象的软件技术以对象（Object）为核心，用这种技术开发出的软件系统由对象组成。对象是对现实世界实体的正确抽象，它是由描述内部状态表示静态属性的数据，以及可以对这些数据施加的操作（表示对象的动态行为），封装在一起所构成的统一体。对象之间通过传递消息互相联系，以模拟现实世界中不同事物彼此之间的联系。

面向对象的开发方法与传统的面向过程的方法有本质不同，这种方法的基本原理是，使用现实世界的概念抽象地思考问题，从而自然地解决问题。它强调模拟现实世界中的概念而不强调算法，它鼓励开发者在软件开发的绝大部分过程中都用应用领域的概念去思考。在面向对象的开发方法中，计算机的观点是不重要的，现实世界的模型才是最重要的。面向对象的软件开发过程从始至终都围绕着建立问题领域的对象模型来进行，即对问题领域进行自然的分解，确定需要使用的对象和类，建立适当的类等级，在对象之间传递消息实现必要的联系，从而按照人们习惯的思维方式建立起问题领域的模型，模拟客观世界。

（2）易于软件的维护和功能的增减。对象的封装性及对象之间的松散组合，都给软件的修改和维护带来了方便。面向对象的软件技术符合人们习惯的思维方式，因此用这种方法建立的软件系统容易被维护人员理解，他们可以主要围绕派生类进行修改、调试工作。类是独立性很强的模块，向类的实例发消息即可运行它，观察它是否能正确地完成要求它做的工作，对类的测试通常比较容易实现，如果发现错误也往往集中在类的内部，比较容易调试。总之，面向对象技术的优点并不是减少了开发时间，相反，初次使用这种技术开发软件，可能比用传统方法所需时间还稍微长一点。开发人员必须花很大精力去分析对象是什么，每个对象应该承担什么责任，所有这些对象怎样很好地合作以完成预定的目标。这样做换来的好处是，提高了目标系统的可重用性并减少了生命周期后续阶段的工作量和可能犯的错误，提高了软件的可维护性。此外，一个设计良好的面向对象系统是易于扩充和修改的，因此能够适应不断增加的新需求。以上这些都是从长远考虑的软件质量指标。

（3）可重用性好。重复使用一个类（类是对象的定义，对象是类的实例化），可以比较方便地构造出软件系统，加上继承方式的运用，极大地提高了软件开发的效率。用已有的零部件装配新的产品，是典型的重用技术，重用是提高生产效率的一个重要方法。面向对象的软件技术在利用可重用的软件成分构造新的软件系统时，体现出较大的灵活性。它可利用两种方法重复使用一个类：一种方法是创建该类的实例，从而直接使用它；另一种方法是从它派生出一个满足当前需要的新类。继承性机制使得子类不仅可以重用其父类的数据结构和程序代码，而且可以在父类代码的基础上方便地修改和扩充，这种修改并不影响对原有类的使用。由于可以像使用集成电路（IC）构造计算机硬件那样，比较方便地重用对象类来构造软件系统，因此，有人把类称为"软件 IC"。面向对象的软件技术所实现的可重用性是自然和准确的，在软件重用技术中它是最成功的一个。

（4）与可视化技术相结合，改善了工作界面。随着基于图形界面操作系统的流行，面向对象的程序设计方法也将深入人心。它与可视化技术相结合，使人机界面进入 GUI 时代。

1.3　面向对象的系统开发方法

支持部分或绝大部分面向对象特性的语言即可称为基于对象的或面向对象的语言。使用面向对象的语言进行面向对象的系统开发，首先是采用面向对象的概念及其抽象的机制将开发系统对象化和模型化，建立应用系统模型，然后实现系统中的对象。面向对象的开发方法可分为五个阶段：

（1）系统调查和需求分析阶段。针对应用系统将要实现的功能以及用户对系统开发的需求进行调查研究。

（2）分析问题的性质和求解问题阶段。在繁杂的问题域中抽象地识别出对象及其行为、结构、属性、方法等。这一阶段称为面向对象分析，简称为 OOA。

（3）整理问题阶段。即对分析的结果作进一步地抽象、归类、整理，最终以规范的形式描述对象和类。这一阶段称为面向对象设计，简称为 OOD。

（4）程序实现阶段。即用面向对象的程序设计语言将第三阶段整理的对象和类的描述映射为应用程序软件。这一阶段称为面向对象程序设计，简称为 OOP。

（5）软件测试阶段。测试是系统开发必须要进行的重要环节，在软件工程项目中占有重要地位，因而倍受重视。

1.3.1　典型的面向对象程序设计语言

（1）Simula 语言。Simula 语言是 20 世纪 60 年代开发出来的，随着结构化程序设计的研究，在计算机科学的诸多领域，提出了面向对象的概念，用类描述一个对象集合的结构和行为。Simula 也支持类继承，用继承按层次组织类，允许实现和结构的共享。

在 Simula 中引入了几个面向对象程序设计语言中最重要的概念和特性，即数据抽象、类和继承性机制。Simula67 是它具有代表性的一个版本，20 世纪 70 年代发展起来的 CLU、Ada、Modula-2 等语言是在它的基础上发展起来的。

（2）Smalltalk 语言。Smalltalk 是 20 世纪 70 年代进一步开发的面向对象程序设计语言。Smalltalk 有几个版本，如 Smalltalk 72、74、76、78、80 等。但最重要和最稳定的是 Smalltalk80。Smalltalk 不仅是一种程序设计语言，而且引入了一个完整的程序设计开发环境和一个基于图形的交互式用户界面。

Smalltalk 语言引入的面向对象的性能有类、继承、对象标识和信息隐藏。Smalltalk 是非类型化语言，Smalltalk 中的变量在说明时不必指定类型，相同程序的相同变量在不同的时间可以具有不同的类型。一个变量的类型由该变量所引用的对象所属的类决定。类好似产生实例的工厂，可以为类实例定义方法并把方法应用到类实例本身。

Smalltalk 面向对象的概念是极为丰富的。Smalltalk 中把每件事都看作是一个对象，包括类和基本数据类型（整数、实数等）。在整个 Smalltalk 的环境中，程序设计包括给对象传递消息。一个消息可以把一个数加到另一个数上，或可以产生一个类的新实例，亦或可以在一个给定的类中引入一个新方法。

Smalltalk 是第一个真正的面向对象程序设计语言，它体现了纯粹的 OOP 设计思想，是最纯的 OOP 语言，它起源于 Simula 语言，尽管 Smalltalk 不断完善，但在那个时期，面向对象程序设计语言并没有得到广泛的重视，程序设计的主流是结构化程序设计。

（3）C++语言。在 19 世纪 80 年代，C 语言成为一种极其流行、应用非常广泛的语言。C++是在 C 语言的基础上进行扩充，并增加了类似 Smalltalk 语言中相应的对象机制的程序设计语言。它将“类”看作是用户定义类型，使其扩充比较自然。C++以其高效的执行效率赢得了广大程序设计员的青睐，在 C++中提供了对 C 语言的兼容性，因此，很多已有的 C 程序稍加改造甚至不加改造就可以重用，许多有效的算法也可以重新利用。它是一种混合型的面向对象程序设计语言，由于它的出现，才使面向对象的程序设计语言越来越得到重视和广泛的应用。

C++以其独特的语言机制在计算机科学的各个领域中得到了广泛的应用。面向对象的设计思想是在原来结构化程序设计方法基础上的一个质的飞跃，C++完美地体现了面向对象的各种特性。

目前，基于 C++语言在不同平台下的程序开发工具有很多种，在 Windows 中的编程环境以微软的 Visual C++ 为主，另外还有 C++ Builder、Dev-C++等，本书的教学内容主要介绍面向对象的 C++语言，并不针对特定的语言开发环境。

（4）Java 语言。Java 语言是一种适用于分布式计算的新型面向对象程序设计语言，可以看作是 C++语言的派生，它从 C++语言中继承了大量的语言成分，抛弃了 C++语言中冗余的、容易引起问题的功能，增加了多线程、异常处理、网络程序设计等方面的支持，掌握了 C++语言，可以很快学会 Java 语言。

Java 吸取了 C++面向对象的概念，将数据封装于类中，利用类的优点，实现了程序的简洁性和便于维护性。类的封装性、继承性等有关对象的特性，使程序代码只需一次编译，然后通过上述特性反复利用。程序员只需把主要精力用在类和接口的设计和应用上。Java 提供了众多的一般对象的类，通过继承即可使用父类的方法。在 Java 中，类的继承关系是单一的非多重的，一个子类只有一个父类，子类的父类又有一个父类。Java 提供的 Object 类及其子类的继承关系如同一棵倒立的树形，根类为 Object 类，Object 类功能强大，经常会使用到它及其它派生的子类。

（5）C#语言。C#是一种现代编程语言。作为编程语言，C#是现代的、简单的、完全面向对象的，而且是类型安全的。重要的是，在类、名字空间、方法重载和异常处理等方面，C#去掉了 C++中的许多复杂性，借鉴和修改了 Java 的许多特性，使其更加易于使用，不易出错，使用起来更加方便。

1.3.2 C++面向对象程序设计流程

面向对象程序设计语言发展到现在，一般都有一个集成的开发环境（Integrated Development Environment，IDE），它是一个将程序编辑器、编译器、调试工具和其他建立应用程序的工具集成在一起的用于开发应用程序的软件系统。近年来，许多软件公司都根据 C++的标准设计了各具特色的编程开发环境，在 Windows 上，应用比较多的是 Borland C++ Builder 6.0 或以上版本、Microsoft Visual C++ 6.0 或者 Visual C++.NET，在 Linux 系统上，比较多的是 G++3.0 和 Borland C++ Kylix3.0 或以上版本，但不论使用怎能样的开发环境，程序开发的流程都是一样的。一个用 C++开发的项目的通用开发过程可以用图 1-1 来表示。

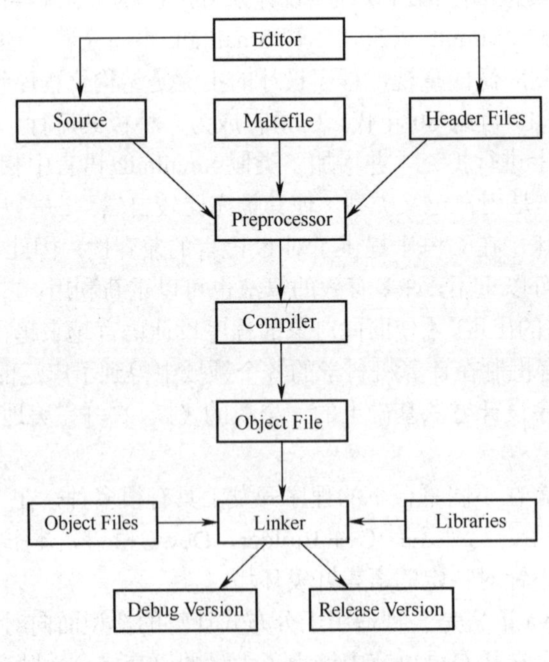

图 1-1　程序开发流程

建立一个项目的基本步骤是：

（1）利用编辑器建立程序代码文件，包括头文件、代码文件、资源文件等。

（2）启动编译程序，编译程序首先调用预处理程序处理程序中的预处理命令（如#include，#define 等），经过预处理程序处理的代码将作为编译程序的输入。

（3）编译对用户程序进行词法和语法分析，建立目标文件，文件中包括机器代码、连接指令、外部引用以及从该源文件中产生的函数和数据名。

（4）连接程序将所有的目标代码和用到的静态连接库的代码连接起来，为所有的外部变量和函数找到其提供地点。

（5）生成一个可执行文件。一般有一个 makefile 文件来协调各个部分产生可执行文件。

可执行文件分为两种版本：Debug 和 Release。Debug 版本用于程序的开发过程，该版本产生的可执行程序带有大量的调试信息，可以供调试程序使用；而 Release 版本作为最终的发行版本，没有调试信息，并且带有某种形式的优化。

不同的集成开发环境中都集成了编辑器、编译器、连接器以及调试程序，覆盖了开发应用程序的整个过程，程序员不需要脱离这个开发环境就可以开发出完整的应用程序。

1.4　程序举例

下面以一个简单的面向对象程序为例，说明面向对象程序的特点及设计、开发和调试的方法。

在教学资源网站 www.aylqs.cn 上下载本章实例 1 程序，在不同的开发环境下进行调试，了解面向对象应用程序的开发方法和过程。

【实例 1】使用面向对象的设计方法，编写一个满足如下要求的程序：

（1）根据输入的日期输出这一日期的前一天和后一天的日期。

（2）根据输出的日期判断是星期几。

```
#include<iostream>
using namespace std;
struct Date
{
    int month;
    int day;
    int year;
};
class TdateType
{
   public:
     TdateType();              //不带参数的构造函数定义
     TdateType(Date b);        //有参数的构造函数定义
     void Next();              //明天的日期成员函数定义
     void Previous();          //昨天的日期成员函数定义
     int Weekday();            //判断是星期几成员函数定义
     void Print();             //打印日期
   private:
```

```
    Date a;                  //日期结构数据成员
    int IsLeapYear();        //私有成员函数,判断是否闰年
    int MonthEnd(int m);     //计算某月的天数
};
//以下为类的成员函数实现部分
TdateType::TdateType()
{
    a.year=1999;
    a.month=1;
    a.day=1;
}
TdateType::TdateType(Date b)
{
   a.month = b.month;
   a.day = b.day;
   a.year = b.year;
}
void TdateType::Next()
{
   a.day ++;
   if( a.day >MonthEnd(a.month) )
   {
      a.day = 1;
      a.month ++;
      if ( a.month > 12)
        {
         a.month  = 1;
         a.year ++;
        }
    }
}
void TdateType::Previous()
{
   a.day --;
   if ( a.day < 1 )
   {
     a.month --;
     if (a.month < 1 )
       {
         a.month = 12;
         a.year --;
       }
     a.day = MonthEnd(a.month);
   }
}
int TdateType::IsLeapYear()
```

```
{
    return ((a.year % 4==0 && a.year % 100!=0 )||(a.year % 400==0));
}
int TdateType::MonthEnd(int m)
{
    switch(m)
    {
        case 1:
        case 3:
        case 5:
        case 7:
        case 8:
        case 10:
        case 12: return 31;
        case 4:
        case 6:
        case 9:
        case 11:return 30;
         case 2:
            if (IsLeapYear())
                return 29;
            else
                return 28;
    }
    return 0;
}
int TdateType::Weekday()
{
     long n;
     n=((a.year)-1)*365;              //直至去年的天数（不考虑闰年）
     n+=((a.year )-1)/4;              //以下 3 条语句考虑闰年数
     n-= ((a.year)-1)/100;
     n+=((a.year)-1)/400;
     for ( int i=1;i<a.month;i++)     //本年直至上月的天数
         n+=MonthEnd(i);
     n +=a.day;                       //本月的天数
     n %=7;                           //折算成星期几,若 n 是 0,则为星期日
     return n;
}
void TdateType::Print()
{
   cout <<a.year<<"年" <<a.month<<"月" <<a.day<<"日";
    switch (Weekday() )
    {
        case 0:cout<<"星期日\n";break;
        case 1:cout<<"星期一\n";break;
```

```
            case 2:cout<<"星期二\n";break;
            case 3:cout<<"星期三\n";break;
            case 4:cout<<"星期四\n";break;
            case 5:cout<<"星期五\n";break;
            case 6:cout<<"星期六\n";break;
        }
    }
    int main()
    {
      Date date;
      cout<<"请输入日期（格式为：年月日，中间用空格隔开）:"<<endl;
      cin>>date.year>>date.month>>date.day;
      TdateType Getdata(date);  //根据输入的日期来创建并初始化对象
      Getdata.Weekday();
      Getdata.Print();
      cout<<"昨天是："<<endl;
      Getdata.Previous();
      Getdata.Weekday();
      Getdata.Print();
      cout<<"明天是："<<endl;
      Getdata.Next();
      Getdata.Next();
      Getdata.Weekday();
      Getdata.Print();
      return 0;
    }
```


C++程序中，数据成员也叫字段，函数成员也叫方法。如果使用的是 Microsoft Visual Studio 2005 或以上的开发环境，可以从类图中看到类与数据成员的相互关系，如图 1-2 所示。

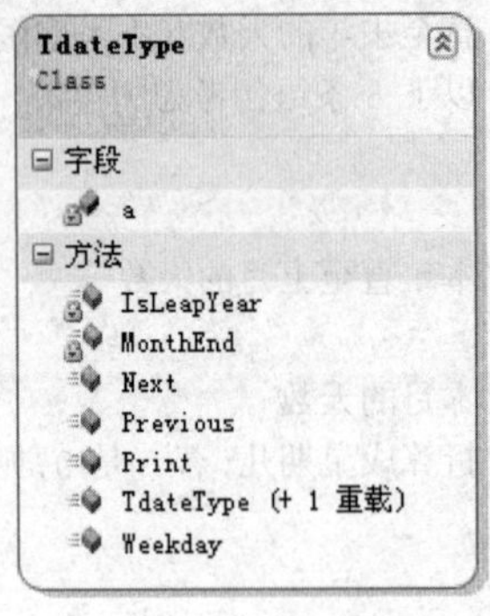

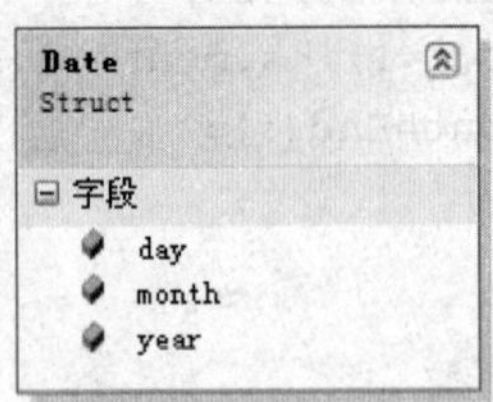

图 1-2　程序的类图表示

本章介绍了面向对象程序设计的概念，面向对象程序设计（Object Oriented Programming，缩写 OOP），指一种程序设计范型，同时是一种程序开发的方法论。它将对象作为程序的基本

单元，将程序和数据封装其中，以提高软件的重用性、灵活性和扩展性。这种范型的主要特征是：程序=对象+消息。面向对象程序的基本元素是对象，面向对象程序的主要结构特点是：第一，程序一般由类的定义和类的使用两部分组成，在程序中定义各对象并规定它们之间传递消息的规律；第二，程序中的一切操作都是通过向对象发送消息来实现的，对象接收到消息后，启动有关方法来完成相应的操作。

对象、对象的状态和行为、类、类的结构、消息和方法是面向对象程序设计中出现的几个基本概念。面向对象程序设计的四大特征是：抽象性、封装性、继承性和多态性。

本章还介绍了为什么要使用面向对象程序设计，针对传统的程序设计方法的局限性和面向对象程序设计的优点进行阐述。

传统的程序设计方法存在如下局限性：

（1）传统程序设计开发软件的生产效率低下。

（2）传统程序设计难以应付日益庞大的信息量和多样的信息类型。

（3）传统的程序设计难以适应各种新环境。

面向对象程序设计的优点：

（1）符合人们习惯的思维方法，便于分解大型的复杂多变的问题。

（2）易于软件的维护和功能的增减。

（3）可重用性好。

（4）与可视化技术相结合，改善了工作界面。

一、填空题

1. 面向对象程序设计，指一种________，同时也是一种程序开发的方法论。它将________作为程序的基本单元，将程序和数据封装其中，以提高软件的重用性、________和扩展性。

2. 对象之间进行通信的结构叫做________。

3. 面向对象程序设计的四大特征是：________、________、________和________。

4. 面向对象的程序设计中最为强大的功能是________，它允许用户在一个已经存在的类之上编写新的程序。

5. Smalltalk 是第一个真正的面向对象程序设计语言，它体现了纯粹的 OOP 设计思想，是最纯的 OOP 语言，它起源于________语言。Java 语言是一种适用于分布式计算的新型面向对象程序设计语言，可以看作是________语言的派生。

二、选择题

1. 面向对象程序的基本元素是（　）。

A. 对象　　B. 方法　　C. 类　　D. 程序

2. （　）是面向对象系统中实现对象间的通信和请求任务的操作，是要求某个对象执行其中某个功能操作的规格说明。

A. 语言　　B. 类　　C. 方法　　D. 消息

3．Java 语言中的（ ），主要是通过对象和类来实现的，即把相关的数据及其操作封装在类里，构成具有独立意义的构件。

A．抽象　　B．继承　　C．封装　　D．多态

4．在软件开发中，类的（ ）使所建立的软件具有开放性、可扩充性，这是信息组织与分类的行之有效的方法，它简化了对象、类的创建工作量，增加了代码的可重用性。

A．抽象性　　B．继承性　　C．封装性　　D．多态性

5．（ ）语言的来源是 Algol60 的面向对象的扩展，但它是作为模拟语言设计的。它具有面向对象语言的功能和某些面向对象的方法学。

A．C++　　B．Simula　　C．Smalltalk　　D．Java

三、简答题

1．什么是面向对象程序设计？

2．简述面向对象程序设计的基本概念和特征。

3．传统的程序设计具有哪些局限性？

4．面向对象程序设计的优点是什么？

5．试说出几种典型的面向对象程序设计语言，并对其进行简单的说明。

第 2 章　C++语言基础知识

C++语言是在 C 语言的基础上发展而来的，它比 C 语言更容易被人们学习和掌握。C++语言对 C 语言的扩充，主要是引进了面向对象机制，包括类、对象、派生类、继承、多态等概念和新的语言机制，从而使 C++成为一种面向对象的程序设计语言。应该说明的是，C++语言并没有完全抛弃 C 语言的成分，C++的面向对象和面向过程的双重特性是区别于其它面向对象语言的一个显著标志。

本章要点

- C++的特点
- C++程序的基本结构
- C++和 C 语言的区别

2.1　C++语言的产生和发展

2.1.1　C++的产生

C++程序设计语言由 C 语言发展而来。C 语言最早是由贝尔实验室的 Dennis Ritchie 在 B 语言的基础上开发出来的，并于 1972 年在一台 DEC PDP-11 计算机上首次实现。C 语言产生以后，最早在 UNIX 操作系统上使用，并且迅速被人们接受并得到了广泛的应用。到了 20 世纪 80 年代 C 语言已经风靡全球，成为一种应用最为广泛的程序设计语言。但 C 语言在盛行的时候也显现出了自己的局限性，突出表现在以下几个方面：

（1）C 语言类型检查机制较弱，这使得程序中的一些错误不能在编译时被发现。

（2）C 语言本身几乎没有支持代码的重用机制，这使得各个程序的代码很难为其他程序所用。

（3）C 语言不适合开发大型的程序，当程序达到一定的规模时，程序员很难控制程序的复杂性。

为了避免 C 语言的以上这些不足之处，1980 年贝尔实验室的 Bjarne Stroustrup 博士开始对 C 语言进行改编，一开始 C++是作为 C 语言的增强版出现的，从给 C 语言增加类开始，不断增加新特性。虚函数（virtual function）、运算符重载（operator overloading）、多重继承（multiple inheritance）、模板（template）、异常（exception）、RTTI、名字空间（namespace）逐渐被加入标准，1983 年正式命名新的语言为 C++语言。1998 年国际标准组织（ISO）颁布了 C++程序设计语言的国际标准 ISO/IEC 14882－1998。C++是具有国际标准的编程语言，通常称作ANSI/ISO C++。1998 年是 C++标准委员会成立的第一年，以后每 5 年视实际需要更新一次标准。C++继承了 C 语言的原有精髓，增加了对开发大型软件非常有效的面向对象机制，并且弥补了 C 语言不支持代码重用的不足，成为一种既可表现过程模型，又可表现对象模型的优秀的程序设计语言之一。目前 C++仍在不断的发展当中。

另外，就目前学习 C++而言，可以认为它是一门独立的语言；它并不依赖 C 语言，我们可以完全不学 C 语言，而直接学习 C++。根据《C++编程思想》（Thinking in C++）一书所评述的，C++与 C 的效率往往相差±5%左右。所以有人认为在大多数场合 C++ 完全可以取代 C 语言（然而在单片机等需要谨慎利用空间、直接操作硬件的地方还是要使用 C 语言）。

2.1.2 C++的特点

C++继承了 C 语言的所有特点，包括语言简洁、紧凑；使用方便、灵活；拥有丰富的运算符；生成的目标代码质量高，程序执行效率高；可移植性好等。

C++对 C 语言进行了一定的改进。如引入 const 常量和内联函数，取代宏定义；引入 refrence（引用）概念等；支持面向过程和面向对象的方法。在 C++环境下既可以进行面向对象的程序设计，也可以进行面向过程的程序设计。

C++现在得到了越来越广泛的应用，其特点有：

（1）兼容 C 语言。这主要表现在大部分 C 程序不需修改即可在 C++的编译环境下运行，用 C 语言编写的许多库函数和应用软件都可用于 C++。

（2）用 C++编写的程序可读性更好，代码结构更合理，可直接地在程序中映射问题空间的结构。

（3）生成的代码质量高，运行效率仅比汇编语言代码段慢 10%～20%。

（4）从开发时间、费用到形成的软件的可重用性、可扩充性、可维护性和可靠性等方面有了很大的提高，使得大中型的程序开发项目变得容易得多。

（5）C++是面向对象的程序设计语言，可方便地构造出模拟现实问题的实体和操作。

2.2 C++程序的结构及编程环境

下面从最简单的 C++程序入手，除了介绍 C++程序的基本结构以外，还介绍 C++程序从编写到调试的一般过程。

2.2.1 C++程序基本格式

程序 2.1 是一个十分简单的 C++程序，通过该程序的学习，可以对 C++程序的格式有一个初步的认识。

【例 2.1】

```
#include<iostream>
using namespace std;
int max(int x,int y);
void main()//主函数
```

```
{
    int a,b,fmax; //定义三个整型变量
    cout<<"Please input two numbers:\n";//提示用户输入两个数
    cin>>a>>b;//从键盘输入变量 a 和 b 的值
    fmax=max(a,b);//调用函数 max,将得到的值赋给变量 fmax
    cout<<"The larger number:"<<fmax<<endl;//输出两个数中较大者
}
int max(int x,int y)//定义 max 函数
{
    if(x>y)
      return x;
    else
      return y;
}
```

本程序用来求得两个数中的较大者，它由两个函数组成：主函数 main()和被调用函数 max()，函数 max()用来比较两个数之间的大小，然后用 return 语句将较大者返回给主函数 main()中的变量 fmax。

由上面程序可以看出 C++程序有以下几个基本组成部分：

1. 预处理命令

在程序的开头部分经常会有以“#”开头的命令，这些就是预处理命令。C++提供了三个预处理命令：宏定义命令、文件包含命令和条件编译命令。上面例子中出现的就是一个文件包含命令，其中 include 是关键字，iostream 是输入输出流的一个头文件名。C++标准程序库中的所有标识符都被定义于一个名为 std 的 namespace 中。

应该注意的是：标准 C++引入了名字空间的概念，并把 iostream 等标准库封装到 std 名字空间中，用 using namespace std 来表示，同时为了不与原来的头文件混淆，规定标准 C++使用一套新的头文件，这套头文件的文件名后不加.h 扩展名。

用 #include <filename> 格式来引用标准库的头文件，编译器将从标准库目录开始搜索。如果是非标准库的头文件则用#include "filename.h"，这样编译器将从用户的工作目录开始搜索。

2. 输入和输出

C++程序中需要有输入和输出语句来实现与程序内部信息的交流。特别是屏幕输出的功能，大部分的程序都需要将计算结果显示在屏幕上。在例 2.1 中有三条输入输出语句，它们分别是：

```
cout<<"Please input two numbers:";
cin>>a>>b;
cout<<"The larger number:"<<fmax<<endl;
```

从中可以看出，C++的这种输入输出方式与 C 是不同的。其中 cin 是标准输入流，cout 是标准输出流，>>是输入运算符，<<是输出运算符。

cout<<数据　　表示将数据写到流对象 cout（可理解为屏幕）上。

cin>>变量　　表示将从流对象 cin（可理解为键盘）读数据到变量中。

流对象 cin、cout 及运算符>>、<<的定义，均包括在文件 iostream 中，所以程序的开始要有#include<iostream>命令。

说明：

（1）在使用 cin 或 cout 进行输入输出操作时，在程序中必须嵌入头文件 iostream，否则在编译时系统会提示出错。

（2）在C++中仍兼容传统的stdio函数库中的printf函数和scanf函数，但只有使用“cout<<”和“cin>>”才显示 C++的编程风格。

3. 函数

C++的程序是由若干个文件组成的，每个文件又由若干个函数组成，因此，可以认为 C++程序就是函数串，由若干个函数组成，这些函数之间是相互独立的，并且是并行的，函数之间可以相互调用。但在一个程序中必须有一个并且只有一个主函数 main()。执行程序时，系统先找主函数，并且从主函数开始执行，其他函数只能通过主函数或被主函数调用的函数进行调用。程序中的函数可以分为两大类，一类是用户自己定义的函数，另一部分是系统提供的函数库中的函数。使用系统提供的函数时，有时可以直接调用，但有时需要将包含该函数的头文件包含到该程序中。如上例就包含主函数 main()和被调用函数 max()两个函数。

4. 注释

注释是对所编写的程序作解释说明的。给程序加上注释可以提高程序的可读性，一般较为复杂的程序中都少不了注释。在 C 语言中用“/*”及“*/”作为注释分界符号，例如：

```
/*This is my first program.*/
```

C++除了保留这种注释方式外，另外提供了一种注释方式，即在注释前面加“//”，例如：

```
//This is my first program.
```


2.2.2 C++程序的结构

在以后的学习中我们会学习到更多的 C++程序，这时会发现一个面向对象的 C++程序一般由类的声明和类的使用两大部分组成。类的使用部分一般由主函数及有关子函数组成。其结构大致如下：

```
#include<iostream>
//类的声明部分
class A{
   int x,y,z;//类 A 的数据成员的声名
   …
   fun(){…}//类 A 的成员函数的定义和声明
   …
};
//类的使用部分
int main(){
A  a;//创建一个类 A 的对象 a
…
fun();//调用成员函数 fun()
  return 0;
}
```

在 C++ 语法中，类的成员函数可以在类声明的同时定义，并且自动成为内联函数。这虽然会带来书写上的方便，却造成了风格不一致，因此，在应用程序中，常常把类的成员函数的

定义与声明分开。分开后的定义和声明还可以写在两个文件中，使用时只要用# include 包含即可，所以说 C++程序是多文件结构。

2.2.3　C++程序的编程环境

C 源程序的扩展名为.C，而 C++源程序的扩展名为.CPP。在 DOS 下，C++程序的编辑、编译和运行方法及过程与 C 语言基本一样，特别是常用的 C++版本，如 Turbo C++或 Borland C++都带有 C 和 C++两种编译器。当源文件的扩展名为.C 时，启动 C 编译器，当源文件扩展名为.CPP 时则启动 C++编译器。在 Windows 下，常用 Visual C++开发环境来编辑、编译和运行 C++程序，随着.NET 的出现，有时也用 Microsoft Visual Studio 2005 或 Microsoft Visual Studio 2008 来编辑、编译和运行 C++程序。

1. 利用 Visual C++ 6.0 开发环境开发控制台应用程序

作为学习面向对象 C++程序设计的第一步，学习重点是 C++的语法和实现程序的算法，必须避免用户图形界面的干扰，因此采用控制台应用程序进行练习。

下面是创建、编辑、调试和运行例 2.1 程序的完整过程。

步骤一：进入和退出 Visual C++集成开发环境。

启动并进入 Visual C++集成开发环境至少有 3 种方法：

（1）选择“开始”菜单中的“程序”，然后选择 Microsoft Visual Studio 6.0 级联菜单，再选择 Microsoft Visual C++ 6.0。

（2）在桌面上创建 Microsoft Visual C++ 6.0 的快捷方式，直接双击该图标。

（3）如果已经创建了某个 Visual C++工程，双击该工程的 dsw（Develop Studio Workshop）文件图标，也可进入集成开发环境，并打开该工程。

选择 File | Exit 菜单，可退出集成开发环境。

步骤二：创建一个控制台应用程序工程。

（1）进入 Visual C++集成开发环境后，选择 File | New 菜单，弹出 New 对话框，单击 Projects 标签，打开其选项卡，在其左边的列表框中选择 Win32 Console Application 工程类型，在 Project name 文本框输入工程名 2_1，在 Location 文本框输入工程路径，单击 OK 按钮，如图 2-1 所示。

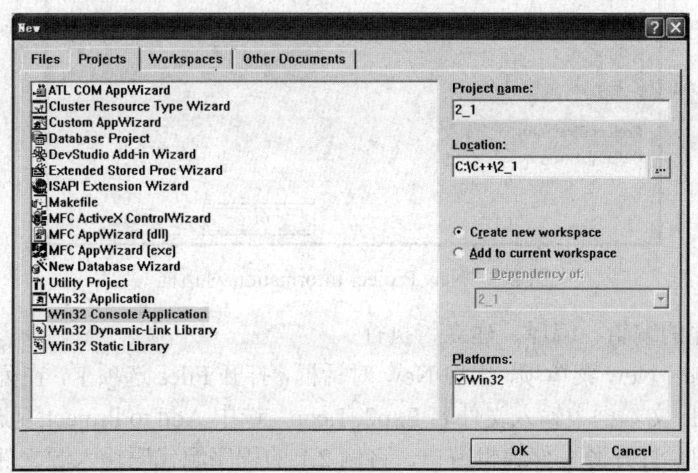

图 2-1　创建新的应用程序

（2）在弹出的对话框（如图 2-2 所示）中，选择 An empty project，单击 Finish 按钮。

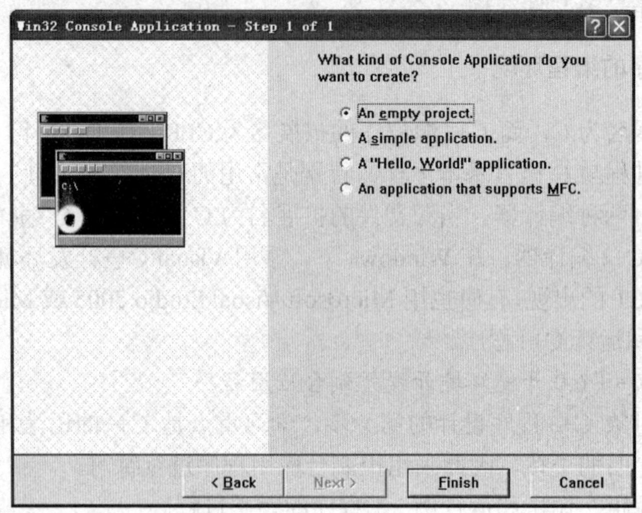

图 2-2　Win32 Console Application Step 1 of 1

（3）此时出现 New Project Information 对话框，如图 2-3 所示。此对话框提示用户创建了一个空的控制台应用程序，并且没有任何文件被添加到新工程中，此时，工程创建完成。

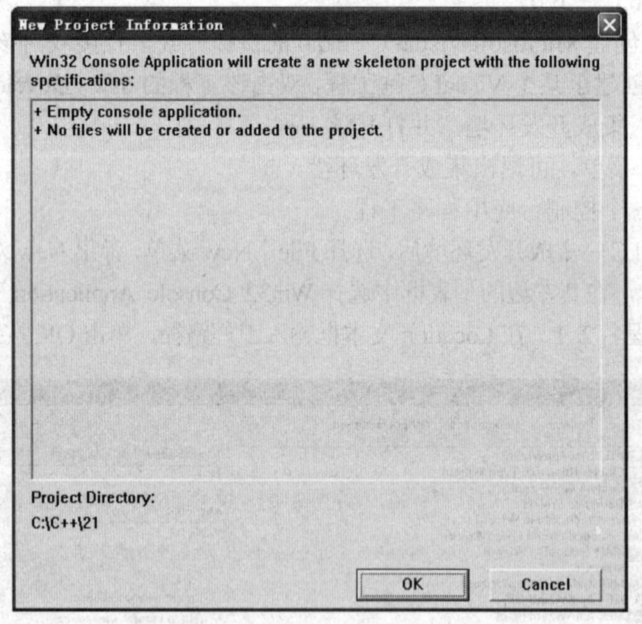

图 2-3　New Project Information 对话框

步骤三：程序的编辑、编译、建立、执行。

（1）选择 File | New 菜单项，出现 New 对话框，打开 Files 选项卡，在列表框中选择 C++ Source File，在 File 文本框中输入文件名 Exp2_1.cpp，选中 Add to Project 复选框，如图 2-4 所示，单击 OK 按钮，打开源文件编辑窗口，将例 2.1 的程序源代码输入源文件编辑窗口，如图 2-5 所示。

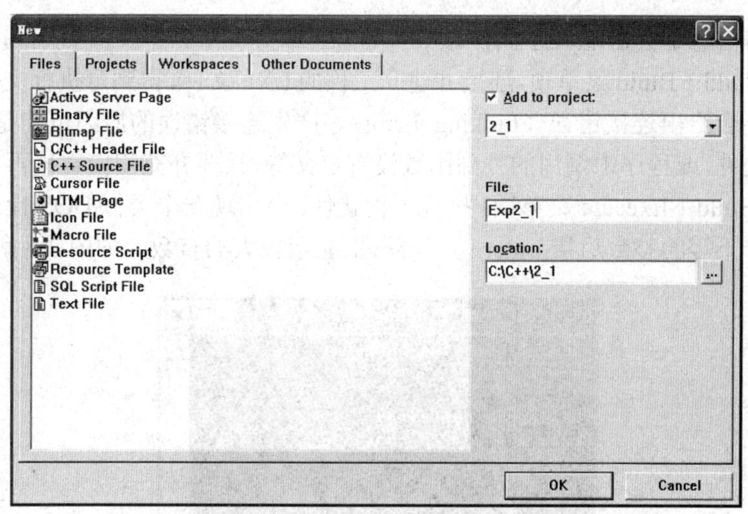

图 2-4　创建新的 C++源文件

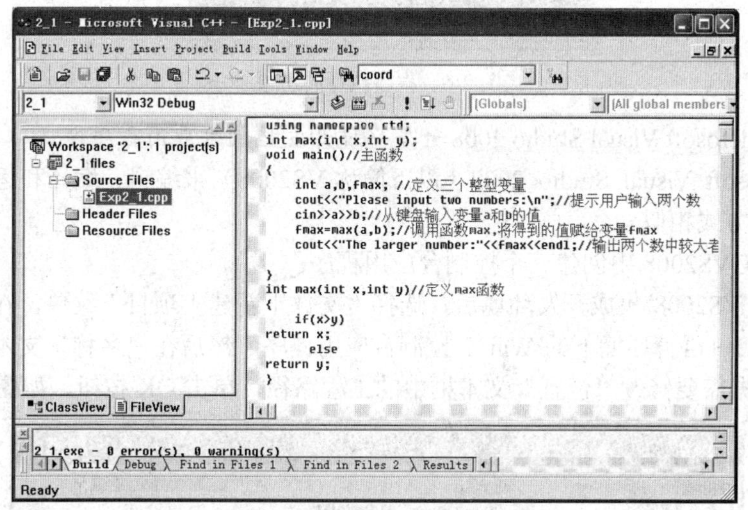

图 2-5　源程序编辑窗口

对于已经存在的源文件，选择 Project｜Add to Project｜Files...菜单项，在随后打开的插入文件对话框中选择待添加文件，单击 OK 按钮添加进工程。

（2）选择 Build｜Compile 菜单项，即可编译源文件 Exp2_1.cpp，系统会在 Output 窗口显出错误（Error）信息以及警告（Warning）信息。当所有 Error 改正后，可得到目标文件（Exp2_1.obj）。

编译器在 Output 窗口给出语法错误和编译错误信息。

语法错误处理：双击错误信息可跳转到错误源代码处进行修改，一个语法错误可能引发系统给出很多条 Error 信息，因此，发现一个错误并修改后最好重新编译一次，以便提高工作效率。

警告信息（Warning）处理：一般是触发了 C 或 C++的自动规则，如将一个浮点型数据给整型变量赋值，需要系统将浮点型数据自动转换为整型，此时小数部分会丢失，因而系统给出警告信息。警告信息不会影响程序执行。

(3)选择Build | Build菜单项，连接并建立工程的EXE文件，得到可执行文件Exp2_1.exe。这时编译器可能会给出连接错误（Linking Error）。产生连接错误的原因可能是缺少所需要的库文件或目标文件，或程序中调用的外部函数没有定义等，只要补充相应文档再重新建立即可。

(4)选择Build | Execute菜单项，执行工程文件，会出现一个类似DOS操作系统的窗口，按要求输入两个不等的整数后按Enter键，屏幕上显示较大的整数，如图2-6所示。

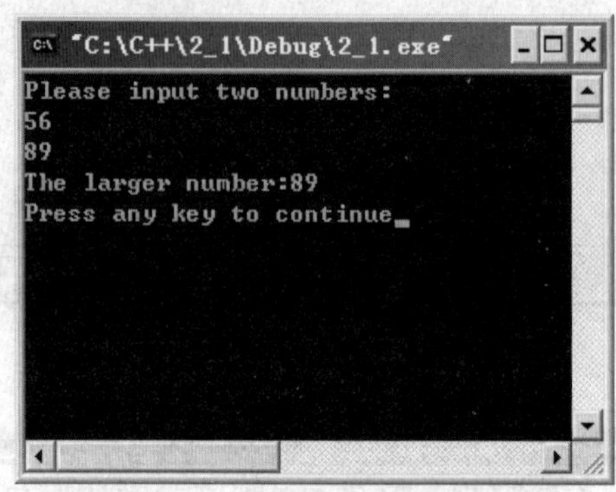

图2-6　程序执行的结果

2. 利用Microsoft Visual Studio 2008开发环境开发控制台应用程序

利用Microsoft Visual Studio 2008（以下简称VS2008）来编辑、编译和运行C++程序与Visual C++运行方式相似。

步骤一：在VS2008中创建一个控制台应用程序。

（1）进入VS2008集成开发环境后，选择“文件 | 新建 | 项目”菜单，在弹出的对话框中选择Visual C++语言环境下的Win32控制台应用程序，然后在“名称”文本框中输入工程名Exp2_1，根据需要修改“位置”文本框中的工程路径，单击OK按钮，如图2-7所示。

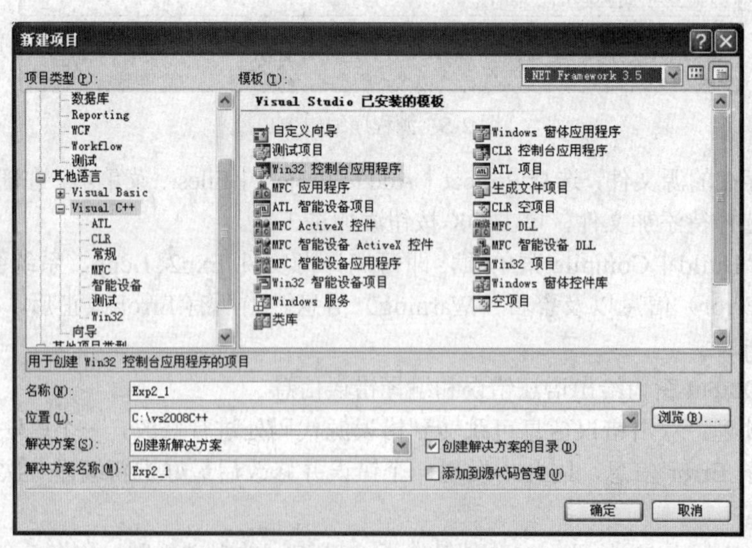

图2-7　在VS2008中创建控制台程序

（2）打开Win32控制台应用程序向导，单击“下一步”按钮，如图2-8所示。

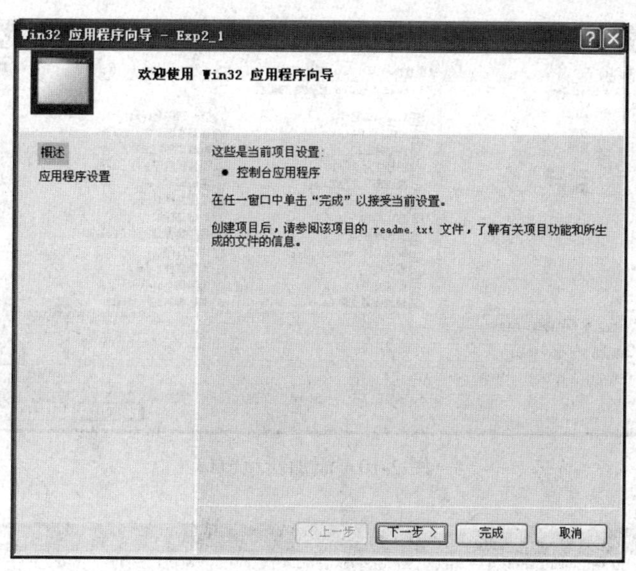

图 2-8　Win32 控制台应用程序向导

（3）在应用程序设置窗口的应用程序类型中，选择“控制台应用程序”选项，在附加选项中选择“空项目”，然后单击“完成”按钮，如图 2-9 所示。

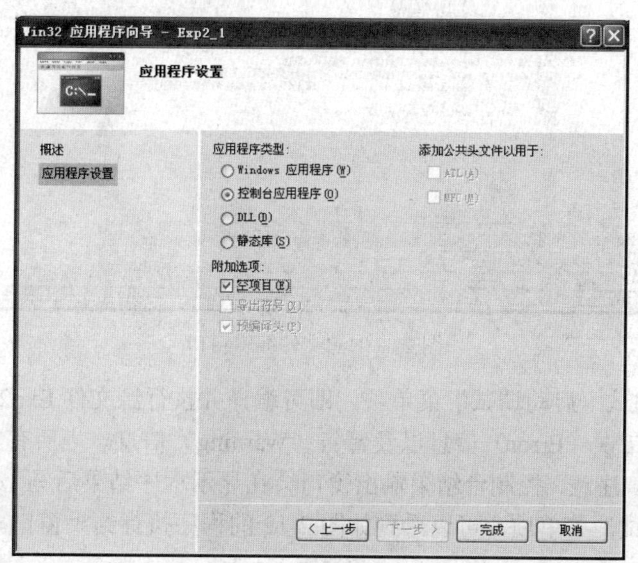

图 2-9　应用程序设置窗口

步骤二：源程序的添加、编辑、编译、执行。

（1）在解决方案管理器中，选择“源文件”并右击，选择“添加｜新建项”命令，然后在添加新项窗口的“模板”栏中选择“C++文件（.cpp）”，在名称文本框中输入文件名 Exp2_1，单击“添加”按钮，如图 2-10 所示。在 Exp2_1.cpp 源文件编辑窗口内，将例 2.1 的程序源代码输入源文件编辑窗口，如图 2-11 所示。

对于已经存在的源文件，选择“添加｜现有项”菜单项，在随后打开的插入文件对话框中选择待添加文件，单击 OK 按钮添加进解决方案管理器。

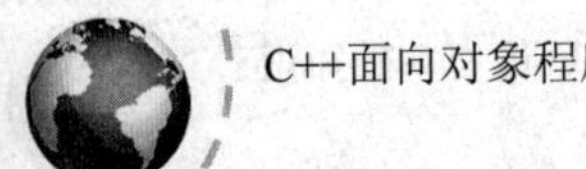

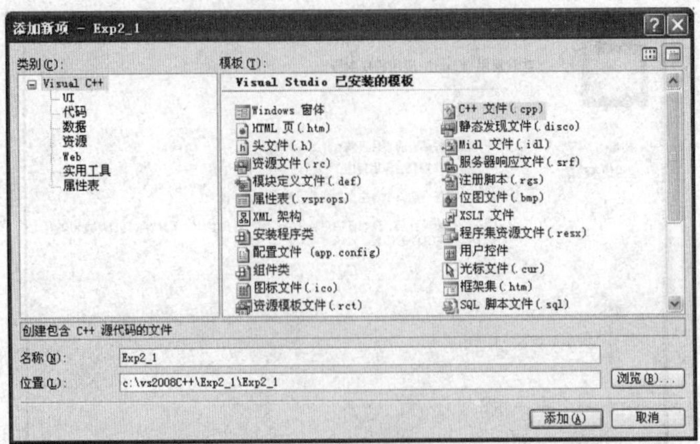

图 2-10　添加新项窗口

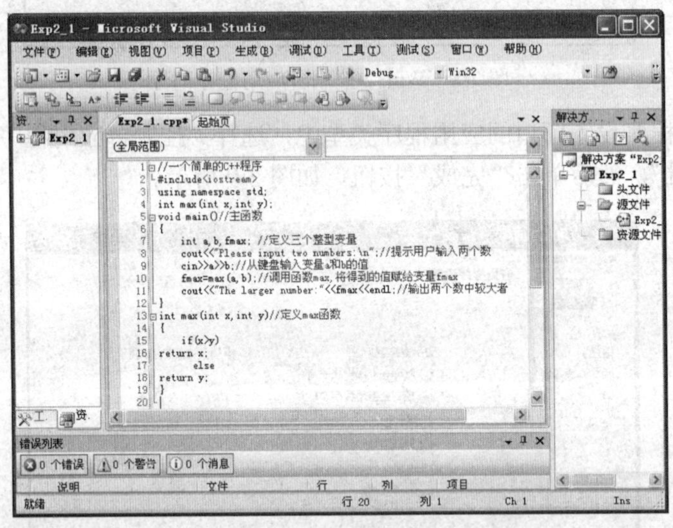

图 2-11　源文件编辑窗口

（2）选择“调试 | 启动调试”菜单项，即可编译并执行源文件 Exp2_1.cpp，系统会在错误列表窗口中显出错误（Error）信息以及警告（Warning）信息。当所有 Error 改正后，可看到程序执行的结果。注意，控制台结果输出窗口会在显示程序结果后马上消失，为此选择“调试 | 开始执行不调试”菜单项，可以看到如图 2-12 的程序执行结果窗口。

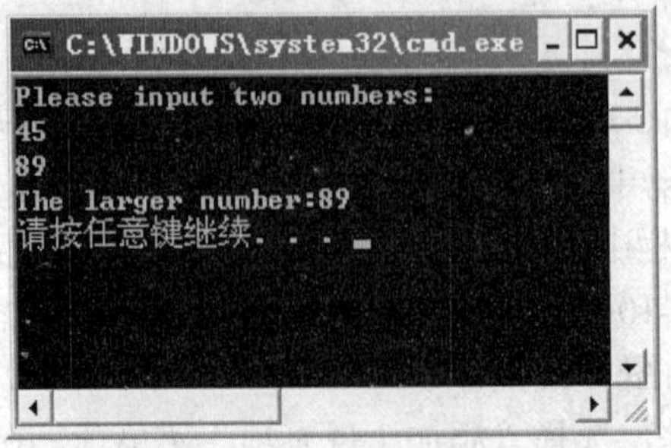

图 2-12　程序的执行结果窗口

应该说明的是 VS2008 提供了丰富的应用程序编辑、编译和调试功能。例如，显示程序行号，编辑文本字体名称、大小和颜色，断点设置，异常处理等，这些内容要在实验课中加强应用。

2.3　C++的数据类型

C++语言的数据类型非常丰富，包括基本数据类型、派生类型和类类型。基本数据类型是系统预先定义的，并被内设在语言中的数据类型；派生类型是从基本类型派生出来的新类型，它是一种更高级的抽象；类类型是通过组合现存类型而生成的新类型。派生类型和类类型将在后面的章节介绍。

2.3.1　关键字和标识符

在 C++语言中，关键字（keyword）又称为保留字，它是系统预先定义的、具有特定含义的标识符，因此不允许用户重新定义，即不能作为新的标识符出现在程序中，例如，例 2.1 中的 cin、cout 和 return 等。

标识符是由若干个字符组成的字符序列，用来命名程序中的一些实体。通常用于常量名、变量名、函数名、类名、结构名、联合名、对象名、类型名和标号名等。在程序中用户是通过标识符来定义和引用这些对象的。C++语言中构成标识符的语法规则如下：

（1）标识符由字母（a～z，A～Z）、数字（0～9）或下划线（_）组成。

（2）第一个字符必须是字母或下划线。例如，Example，My_Birthday，Message，Mychar，Myfriend，thistime 是合法的标识符；5key，5-A 是非法的标识符。

（3）VC++中标识符最多由 247 个字符组成。

（4）C++标识符对大小写字母是敏感的，即大小写字母被认为是两个不同的标识符。例如，book 和 Book 被认为是两个不同的标识符。

（5）关键字不能作为新的标识符在程序中使用，但标识符中可以包含关键字。例如，intx，myclass 是合法的标识符。

标点符号对 C++编译器具有语法意义，它们本身并不表示一个产生值的操作。下面列出了 C++语言中的标点符号：

- ,逗号，用作数据之间的分隔符。
- ;分号，语句结束符。
- :冒号，语句标号结束符或条件运算符。
- '单引号，字符常量标记符。
- "双引号，字符串常量标记符。
- {左花括号，复合语句开始标记符。
- }右花括号，复合语句结束标记符。

分隔符是用来分隔单词或程序正文的，表示某个程序实体的结束和另一个程序实体的开始。分隔符本身并不对程序的语法和语义产生任何影响，是一种不被编译的符号。C++的分隔符可以是一个或多个下列符号：空格符、制表符、换行符、注释符。

2.3.2 C++的基本数据类型

C++语言的基本数据类型可以分为四种：整数类型（int）、字符类型（char）、浮点类型（float，double）和空类型（void）。

整数类型简称整型，用于定义整数对象。字符类型用于定义字符数据。浮点类型包括单精度型和双精度型，用于定义实数。void 类型描述了有关值的空集，变量不能声明为 void 类型。它主要用于声明没有返回值的函数，以及声明未确定类型或指向任意数据类型的指针。

C++语言允许在整数、字符或浮点类型前面加上一些修饰符进一步修饰类型，修饰符包括：short 表示短类型，long 表示长类型，signed 表示有符号类型，unsigned 表示无符号类型。

数据类型决定了数据所占存储空间的大小及值域范围，这些是与机器有关的。表 2-1 列出的是在 32 位编译器中的基本数据类型所占空间的大小和值域范围。

表 2-1　数据类型表

类型	关键字	长度	值域范围
有符号短整数	short，short int，signed short int	2	-2^{15}~2^{15}-1 内的整数
无符号短整数	unsigned short，unsigned short int	2	0~2^{16}-1 内的整数
有符号整数	int，signed int	4	-2^{31}~2^{31}-1 内的整数
无符号整数	unsigned，unsigned int	4	0~2^{32}-1 内的整数
有符号长整数	long，long int，signed long int	4	-2^{31}~2^{31}-1 内的整数
无符号长整数	unsigned long，unsigned long int	4	0~2^{32}-1 内的整数
有符号字符	char，signed char	1	-128~+127 内的整数
无符号字符	unsigned char	1	0~255 内的整数
逻辑	bool	1	0 和 1
枚举	enum <枚举类型名>	4	为 int 值域内的一个子集
单精度数	float	4	$-3.402823*10^{38}$~$3.402823*10^{38}$ 内的数
双精度数	double	8	$-1.7977*10^{308}$~$1.7977*10^{308}$ 内的数
长双精度	long double	8	$-1.7977*10^{308}$~$1.7977*10^{308}$ 内的数
指针	<类型关键字> *	4	0~2^{32}-1 内的整数

2.3.3 常量

常量是指在程序运行的整个过程中始终保持不变的量。在表达式中常量是明确表示出的值。常量不同于变量，主要表现在以下两个方面：

- 常量不在内存中占有编译空间。
- 常量的值不能修改。

C++程序中，按照数据类型常量可以分为整型常量、字符常量、逻辑常量、枚举常量、实型常量和地址常量等。

1. 整型常量

整型常量简称整数，它有十进制、八进制和十六进制三种表示。

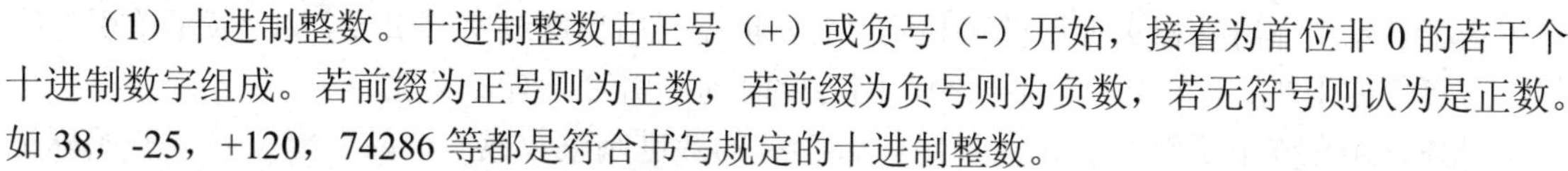

（1）十进制整数。十进制整数由正号（+）或负号（-）开始，接着为首位非 0 的若干个十进制数字组成。若前缀为正号则为正数，若前缀为负号则为负数，若无符号则认为是正数。如 38，-25，+120，74286 等都是符合书写规定的十进制整数。

当一个十进制整数大于等于-2147483648（即$-2^{31}-1$），同时小于等于 2147483647（即 $2^{31}-1$）时，则被系统看作是 int 型常量；当在 2147483648~4294967295（即 $2^{32}-1$）范围之内时，则被看作是 unsigned int 型常量；当超过上述两个范围时，则无法用 C++整数类型表示，只有把它用实数（即带小数点的数）表示才能够有效地存储和处理。

（2）八进制整数。八进制整数由首位数字 0 和后接若干个八进制数字（借用十进制数字中的 0~7）组成。八进制整数不带符号位，隐含为正数。如 0，012，0377，04056 等都是八进制整数，对应的十进制整数依次为 0，10，255 和 2094。

当一个八进制整数大于等于 0 同时小于等于 017777777777 时，则称为 int 型常量；当大于等于 020000000000 同时小于等于 037777777777 时，则称为 unsigned int 型常量；超过上述两个范围的八进制整数则不要使用，因为没有相对应的 C++整数类型。

（3）十六进制整数。十六进制整数由数字 0 和字母 x（大、小写均可）开始并后接若干个十六进制数字（0~9，A~F 或 a~f）。同八进制整数一样，十六进制整数也均为正数。如 0x0，0X25，0x1ff，0x30CA 等都是十六进制整数，对应的十进制整数依次为 0，37，511 和 4298。

当一个十六进制整数大于等于 0 同时小于等于 0x7FFFFFFF 时，则称为 int 型常量；当大于等于 0x80000000 同时小于等于 0xFFFFFFFF 时，则称为 unsigned int 型常量；超过上述两个范围的十六进制整数没有相对应的 C++整数类型，所以不能使用它们。

（4）在整数末尾使用 u 和 l 字母。对于任一种进制的整数，若后缀有字母 u（大、小写等效），则硬性规定它为一个无符号整型（unsigned int）数；若后缀有字母 l（大、小写等效），则硬性规定它为一个长整型（long int）数。在一个整数的末尾，可以同时使用 u 和 l，并且对排列无要求。如 25U，0327UL，0x3ffbL，648LU 等都是整数，其类型依次为 unsigned int，unsigned long int，long int 和 unsigned long int。

2. 字符常量

字符常量简称字符，它以单引号作为起止标记，中间为一个或若干个字符。如'a'，'%'，'\n'，'\012'，'\125'，'\x4F'等都是合乎规定的字符常量。每个字符常量只表示一个字符，当字符常量的一对单引号内多于一个字符时，则将按规定解释为一个字符。如'a'表示字符 a，'\125'解释为字符 U。

因为字符型的长度为 1，值域范围是-128~127 或 0~255，而在计算机领域使用的 ASCII 字符，其 ASCII 码值为 0~127，正好在 C++字符型值域内。所以，每个 ASCII 字符均是一个字符型数据，即字符型中的一个值。

对于 ASCII 字符集中的每个可显示字符（个别字符除外），对应的 C++字符常量就是它本身，对应的值就是该字符的 ASCII 码，表示时用单引号括起来；对于像回车、换行那样的具有控制功能的字符，以及对于像单引号、双引号那样的作为特殊标记使用的字符，就无法采用上述的表示方法。为此引入了“转义”字符的概念，其含义是：以反斜线作引导的下一个字符失去了原来的含义，而转义为具有某种控制功能的字符。如'\n'中的字符 n 通过前面使用的反斜线转义后就成为一个换行符，其 ASCII 码为 10。

为了表示用作特殊标记使用的可显示字符，也需要用反斜线字符引导。如'\''表示单引号字符，若直接使用'''表示单引号是不行的，因为此时的单引号具有二义性。

另外，还允许用反斜线引导一个具有 1~3 位的八进制整数或一个以字母 x 作为开始标记的具有 1~2 位的十六进制整数，对应的字符就是以这个整数作为 ASCII 码的字符。如'\0'，'\12'，'\73'，'\146'，'\x5A'等对应的字符依次为空字符（其 ASCII 码为 0，注意：它不同于空格字符，空格字符的 ASCII 码为 32），换行符，';'，'f'和'Z'等。

由反斜线字符开始的符合上述使用规定的字符序列称为转义序列，C++语言中的所有转义序列如表 2-2 所示。

表 2-2　转义序列

转义序列	对应值	对应功能或字符	转义序列	对应值	对应功能或字符
\a	7	响铃	\\	92	反斜线
\b	8	退格	\'	39	单引号
\f	12	换页	\"	34	双引号
\n	10	换行	\?	63	问号
\r	13	回车	\ccc	ccc 的十进制值	该值对应的字符
\t	9	水平制表	\xhh	hh 的十进制值	该值对应的字符
\v	11	垂直制表			

转义序列不但可以作为字符常量，也可以同其他字符一样使用在字符串中。如"abc\n"字符串中含有 4 个字符，最后一个为换行符；"\tx="中的首字符为水平制表符，当输出它时将使光标后移 8 个字符位置。

对于一个字符，当用于输出显示时，将显示出字符本身或体现出相应的控制功能，当出现在计算表达式中时，将使用它的 ASCII 码。如：

（1）char ch='E';

（2）int x=ch+2;

（3）if(ch>'C') cout<<ch<<'>'<<'C'<<endl;

（4）cout<< "apple\n";

第一条语句定义字符变量 ch 并把字符 E 赋给它作为其初值，实际是把字符 E 的 ASCII 码 69 赋给 ch。第二条语句定义整型变量 x 并把 ch+2 的值 71 赋给它。第三条语句首先进行 ch>'C' 比较，实际上是取出各自的值（即对应的 ASCII 码）比较，因为条件成立，所以执行其后的输出语句，将向屏幕输出 E>C。第四条语句输出一个字符串，即原样输出 apple 和使光标移到下一行开始位置。

3. 逻辑常量

逻辑常量是逻辑类型中的值，VC++用保留字 bool 表示逻辑类型，该类型只含有两个值，即整数 0 和 1，用 0 表示逻辑假，用 1 表示逻辑真。在 VC++中还定义了这两个逻辑值所对应的符号常量 false 和 true，false 的值为 0，表示逻辑假；true 的值为 1，表示逻辑真。

由于逻辑值是整数 0 和 1，所以它也能够像其他整数一样出现在表达式里，参与各种整数运算。

4. 枚举常量

枚举常量是枚举类型中的值，即枚举值。枚举类型是一种用户定义的类型，只有用户在程序中定义它后才能使用。用户通常利用枚举类型定义程序中需要使用的一组相关的符号常量。枚举类型的定义格式为：

enum <枚举类型名> {<枚举表>};

它是一条枚举类型定义语句，该语句以 enum 保留字开始，接着为枚举类型名，它是用户命名的一个标识符，以后就直接使用它表示该类型，枚举类型名后为该类型的定义体，它由一对花括号和其中的枚举表组成，枚举表为一组用逗号分开的由用户命名的符号常量，每个符号常量又称为枚举常量或枚举值。如：

（1）enum color{red, yellow, blue};

（2）enum day{Sun, Mon, Tues, Wed, Thur, Fri, Sat};

第一条语句定义了一个枚举类型 color，用来表示颜色，它包含三个枚举值 red、yellow 和 blue，分别代表红色、黄色和兰色。

第二条语句定义了一个枚举类型 day，用来表示日期，它包含 7 个枚举值，分别表示星期日、星期一至星期六。

一种枚举类型被定义后，可以像整型等预定义类型一样使用在允许出现数据类型的任何地方。如可以利用它定义变量。

（1）enum color c1,c2,c3;

（2）enum day today, workday;

（3）c1=red;

（4）workday=Wed;

第一条语句开始的保留字 enum 和类型标识符 color 表示上述定义的枚举类型 color，其中 enum 可以省略不写，后面的三个标识符 c1、c2 和 c3 表示该类型的三个变量，每一个变量用来表示该枚举表中列出的任一个值。

第二条语句开始的两个成分（成分之间的空格除外）表示上述定义的枚举类型 day，同样 enum 可以省略不写，后面的两个标识符 today 和 workday 表示该类型的两个变量，每一个变量用来表示该枚举表中列出的 7 个值中的任一个值。

第三条语句把枚举值 red 赋给变量 c1，第四条语句把枚举值 Wed 赋给变量 workday。

在一个枚举类型的枚举表中列出的每一个枚举常量都对应着一个整数值，该整数值可以由系统自动确认，也可以由用户指定。若用户在枚举表中一个枚举常量后加上赋值号和一个整型常量，则表示枚举常量被赋予了这个整型常量的值。如：

enum day{Sun=7, Mon=0, Tues, Wed, Thur, Fri, Sat};

用户指定了 Sun 的值为 7，Mon 的值为 0。

若用户没有给一个枚举常量赋初值，则系统给它赋的值是它前一项枚举常量的值加 1，若它本身就是首项，则被自动赋予整数 0。如对于上述定义的 color 类型，red、yellow 和 blue 的值分别为 0、1 和 2；对于刚被修改定义的 day 类型，各枚举常量的值依次为 7、0、1、2、3、4、5、6。

由于各枚举常量的值是一个整数，所以可把它同一般整数一样看待，参与整数的各种运算。又由于它本身是一个符号常量，所以当作为输出数据项时，输出的是它的整数值，而不是它的

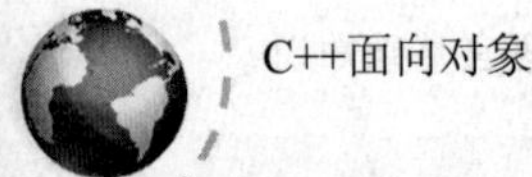

标识符，这一点同输出其他类型的符号常量是一致的。

5. 实型常量

实型常量简称实数，它有十进制的定点和浮点两种表示方法，不存在其他进制的表示。

（1）定点表示。定点表示的实数简称定点数，它由一个符号（正号可以省略）后接若干个十进制数字和一个小数点组成，这个小数点可以处在任何一个数字位之前或之后。如.12、1.2、12.、0.12、-12.40、+3.14、-.02037、-36.0 等都是符合书写规定的定点数。

（2）浮点表示。浮点表示的实数简称浮点数，它由一个十进制整数或定点数后接一个字母 e（大、小均可）和一个 1～3 位的十进制整数组成，字母 e 之前的部分称为该浮点数的尾数，之后的部分称为该浮点数的指数，该浮点数的值就是它的尾数乘以 10 的指数幂。如 3.23E5、+3.25e-8、2E4、0.376E-15,1e-6、-6.04E+12、.43E0、96.e24 等都是合乎规定的浮点数，它们对应的数值分别为：3.25×10^{5}、3.25×10^{-8}、20000、0.376×10^{-15}、10^{-6}、-6.04×10^{12}、0.43、96×10^{24} 等。

对于一个浮点数，若将它尾数中的小数点调整到最左边第一个非零数字的后面，则称它为规格化(或标准化)浮点数。如 21.6E8 和-0.074E5 是非规定化的，若将它们分别调整为 2.16E9 和-7.4E3 则都是规格化的浮点数。

（3）实数类型的确定。对于一个定点数或浮点数，C++自动按一个双精度数来存储，它占用 8 个字节的存储空间。若在一个定点数或浮点数之后加上字母 f（大、小写均可），则自动按一个单精度数来存储，它占用 4 个字节的存储空间。如 3.24 和 3.24f，虽然数值相同，但分别代表一个双精度数和一个单精度数，同样，-2.78E5 为一个双精度数，而-2.78E5F 为一个单精度数。

6. 地址常量

指针类型的值域是 $0\sim2^{32}-1$ 之间的所有整数，每一个整数代表内存空间中一个对应单元（若存在的话）的存储地址，每一个整数地址都不允许用户直接使用来访问内存，以防止用户对内存系统数据的有意或无意的破坏。但用户可以直接使用整数 0 作为地址常量，它是 C++中唯一允许使用的地址常量，并称为空地址常量，它对应的符号常量为 NULL，表示不代表任何地址，在 iostream 等头文件中有此常量的定义。

7. 字符串常量

字符串常量简称字符串，是由一对双引号括起来的零个或多个字符序列。

例如：

```
"This is a C++ Program.\n"  //字符串常量
"\td"  //字符串常量
"2002\12\22"  //字符串常量
```

字符串中可以包含空格符、转义字符或其他字符。字符串常量不同于字符常量，两者是有区别的，主要表现在以下几个方面：

（1）字符常量的标识符是单引号，字符串常量的标识符是双引号。

（2）存储方式不同。例如：

```
"m" //字符串常量
'm' //字符常量
```

字符串常量"m"占两个字节，一个字节存放字符 m，另一个字节存放字符串结束标志\0；

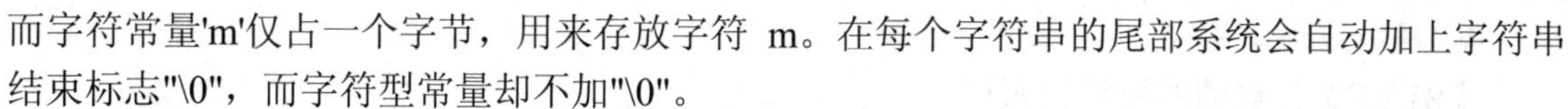

而字符常量'm'仅占一个字节，用来存放字符 m。在每个字符串的尾部系统会自动加上字符串结束标志"\0"，而字符型常量却不加"\0"。

（3）字符串常量和字符常量能进行的运算是不同的。例如："m"+"n" 和 'm'+'n' 运算的结果是不同的。

2.3.4　变量

变量是其值可以被改变的量。每一个变量都属于一种数据类型，用来表示（即存储）该类型中的一个值。在程序中只有存在一种数据类型后，才能够利用它定义出该类型的变量。根据这一原则，可以随时利用 C++语言中的每一种预定义类型和用户已经定义的每一种类型定义需要使用的变量。一个变量只有定义后才能使用，即才能进行存储和读取其值的操作。

1. 变量定义语句

变量定义是通过变量定义语句实现的，该语句的一般格式为：

<类型关键字> <变量名>[=<初值表达式>],…;

<类型关键字>为已存在的一种数据类型，如 short、int、long、char、bool、float、double 等都是类型关键字，分别代表系统预定义的短整型、整型、长整型、字符型、逻辑型（又称布尔型）、单精度型和双精度型。对于用户自定义的类型，可以从类型关键字中省略其保留字。如假定 struct worker 是用户自定义的一种结构类型，则前面的保留字 struct 可以省略。

<变量名>是用户定义的一个标识符，用来表示一个变量，该变量可以通过后面的可选项赋予一个值，称为给变量赋初值，<初值表达式>是一个表达式，它的值就是赋予变量的初值。

该语句格式后面使用的省略号表示在一条语句中可以定义多个变量，但各变量定义之间必须用逗号分开。

2. 语句格式举例

（1）int a,b;

（2）char ch1='a', ch2='A';

（3）int x=a+2*b;

（4）double d1, d2=0.0, d3=3.14159;

第一条语句定义了两个整型变量 a 和 b；第二条语句定义了两个字符变量 ch1 和 ch2，并分别赋初值为字符 a 和 A；第三条语句定义了一个整型变量 x，并赋予表达式 a+2*b 的值作为初值；第四条语句定义了三个双精度变量，分别为 d1、d2 和 d3，其中 d2 被赋初值 0.0，d3 被赋初值 3.14159。

3. 语句执行过程

当程序执行到一条变量定义语句时，首先为所定义的每个变量在内存中分配与类型长度相同的存储单元，如对每个整型变量分配 4 个字节的存储单元，对每个双精度变量分配 8 个字节的存储单元；接着若变量名后带有可选项，则计算出初值表达式的值，并把它保存到变量所对应的存储单元中，表示给变量赋初值，若变量名后不带有可选项，则当所属语句处于函数之外时，将自动给变量赋予初值 0，否则不赋予任何值，此时的变量值是不确定的，实际上是存储单元中的原有值（现在被称为垃圾）。

4. 语句应用举例

【例 2.2】计算圆的周长和面积。

分析：计算圆的周长和面积，则圆的半径、周长和面积都需要设定为变量，假定分别用 radius、girth 和 area 标识符表示，它们的类型均应为实数型，即单精度或双精度型，通常使用双精度型。根据圆的半径计算周长和面积的公式为：

girth=2π×radius

area=π×radius×radius

下面给出用 C++语言编写的程序：

```
#include<iostream>
using namespace std;
void main()
{
   double radius, girth, area;  //定义变量
   cin>>radius;  //从键盘输入一个圆的半径
   girth=2*3.14159*radius;  //计算周长
   area=3.14159*radius*radius;  //计算面积
   cout<<"radius:"<<radius<<endl;
   cout<<"girth: "<<girth<<endl;
   cout<<"area:  "<<area<<endl;
}
```


在这个程序的主函数中，第一条语句定义了三个变量，由于没有给它们赋初值，所以其值是不确定的；第二条语句从键盘输入一个常数给半径 radius，输入的常数可以是整数，也可以是定点数或浮点数，系统将自动把它转换为一个双精度数后再赋给 radius，即赋给该变量所对应的存储单元；第三条和第四条语句分别计算出赋值号右边表达式的值，再分别赋给变量 girth 和 area；第五至七条语句依次向屏幕输出圆的半径、周长和面积。

假定程序运行后从键盘上输入的半径为 3.2，则得到的输出结果为：

```
radius:3.2
girth: 20.1062
area:  32.1699
```

5. 符号常量定义语句

符号常量定义语句同变量定义语句类似，其语句格式为：

const <类型关键字> <符号常量名> = <初值表达式>,…;

该语句以保留字 const 开始并标识，后跟符号常量的类型关键字，接下去为符号常量名，它是一个用户定义的标识符，符号常量名之后为一个赋值号和一个表达式（注意：表达式中既可以含有常量也可以含有变量），由此可见，在定义符号常量时必须同时对其赋初值。该语句同样也可以定义多个符号常量。

系统执行符号常量定义语句也同执行变量定义语句一样，需要依次为每个符号常量分配存储单元并赋初值。

一个符号常量被定义后，它的值就是定义时所赋予的初值，以后将始终保持不变，因为

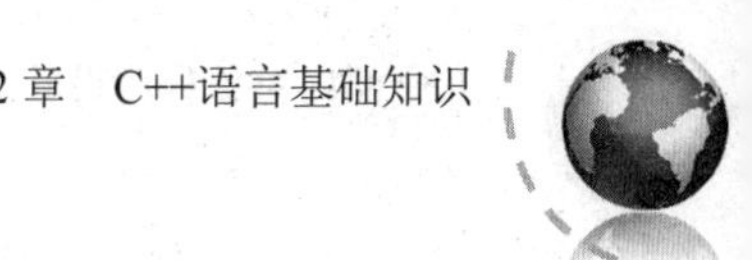

系统只允许读取它的值，而不允许向它赋值。

另外，在符号常量的定义语句中，若<类型关键字>为 int，则可以被省略。

下面给出几个符号常量定义语句的例子：

（1）const int A1=5, A2=A1*4;

（2）const double PI=3.14159;

（3）const int MaxSize=100;

第一条语句定义了两个整型符号常量 A1 和 A2，并使得它们的初值分别为 5 和 20；第二条语句定义了一个双精度符号常量 PI，用它表示数学上π的值 3.14159；第三条语句定义了一个整型符号常量 MaxSize，用它代表整数 100。第一条和第三条语句中的 int 均可以省略不写。

符号常量定义语句既可以出现在函数体外，也可以出现在函数体内，这一点也跟变量定义语句相同。

符号常量也必须遵循先定义后使用的原则，这也与变量的定义和使用的规则相同。

6. 使用#define 命令定义符号常量

#define 命令是一条预处理命令，其命令格式为：

#define <符号常量名> <字符序列>

<符号常量名>是用户定义的标识符，又称为宏或宏标识符，<字符序列>也是由用户给定的，将用来代替宏的一个字符序列。宏被该命令定义后，可以使用在其后的程序中，当程序被编译时将把所有地方使用的宏标识符替换为对应的<字符序列>，并把宏命令删除掉。

如一个宏命令为：

```
#define ABC 10
```

若在主函数中有这样一条语句：

```
int x=ABC*ABC;
```

编译后改变为：

```
int x=10*10;
```

若上述宏命令中的字符序列不是 10，而是 2+5，则编译后改变为：

```
int x=2+5*2+5;
```

可见宏替换后改变了原表达式中运算的优先次序，为了克服可能出现的这种错误，通常使用带括号的宏字符序列。如可将上述定义的宏命令改写为：

```
#define ABC (2+5)
```

上述语句将会被正确地替换为：

```
int x=(2+5)*(2+5);
```

由于使用 const 语句定义符号常量带有数据类型，以便系统进行类型检查，同时该语句具有计算初值表达式和给符号常量赋初值的功能，所以使用它比使用宏命令定义符号常量要优越得多，因此提倡在程序中使用 const 语句定义符号常量。

7. 使用变量和常量的程序举例

【例 2.3】

```
#include<iostream>
using namespace std;
#define M -1  //符号常量中的字母通常采用大写
const int N=10;
```

```
void main()
{
    int x,y;
    cout<<"请输入一个整数:";
    cin>>x;
    if(x<N) y=M*x+1;
      else y=(x+M)*x-3;
    cout<<x<<' '<<y<<endl;
}
```

程序运行后若从键盘上输入数值 5，则得到的输出结果为：

```
5 -4
```

若从键盘上输入的数值为 20，则得到的输出结果为：

```
20 377
```

2.3.5 数组

数组是由一组顺序排列的、具有相同类型的变量组成的集合。数组中的每个变量称为数组元素，所有元素共用一个变量名，即数组名。

数组具有如下特性：

- 数组中的每个元素具有相同的类型。
- 每个元素由下标唯一标示。

与简单变量一样，数组在使用之前必须先定义。换句话说，就是数组要先定义后使用。

1. 数组的定义

具有一个下标的数组称为一维数组。定义一维数组的语法格式为：

<数据类型>　<数组名>[<常量表达式>]

其中，<数据类型>可以是基本数据类型，也可以是已经声明过的某种数据类型；<数组名>是用户自定义的标识符，用来表示数组的名称；<常量表达式>必须是整型数据，用于表示数组的长度，即数组所包含元素的个数；[]是下标运算符，具有最高的运算优先级，结合性为从左向右。

多维数组的定义与一维数组类似，其语法格式为：

<数据类型>　<数组名>[<常量表达式 1>][<常量表达式 2>]…[<常量表达式 n>]

例如，下面定义了几个不同类型的数组：

```
int a[10]; //定义了一个整型数组 a
float b[20]; //定义了一个单精度数组 b
double c[5]; //定义了一个双精度数组 c
int d[3][5],e[2][3][4]; //定义了一个二维整型数组 d 和一个三维整型数组 e
float score[30][6]; //定义了浮点型数组 score
```

a 是数组名，方括号中的 10 表示数组的长度，即该数组包含 10 个数组元素。分别是 a[0]、a[1]、a[2]、a[3]、a[4]、a[5]、a[6]、a[7]、a[8]、a[9]。a 数组中的每个元素都是整型变量。同理 b 和 c 都是数组名，b 数组包含 20 个元素，c 数组包含 5 个元素。每个元素都是浮点型变量。

对于一个长度为 n 的一维数组，C++语言规定数组的下标从 0 开始，依次为 0、1、2、3、…、n-1。

具有相同类型的数组可以在一个语句中定义。例如：

```
int a1[10],a2[20]; //同时定义了两个整型数组
```

具有相同类型的简单变量和数组也可以在一个语句中定义。例如：

```
int x,y[20]; //同时定义了一个整型变量和一个整型数组
```

数组经过定义之后，系统会为其分配一块连续的存储空间。该空间的大小为 n×sizeof（<元素类型>），其中 n 为一维数组的长度。

d 数组是一个二维数组，包含 15（3×5）个数组元素。可以将二维数组 d[3][5]看成是 3 个连续的具有 5 个数组元素的一维数组：d[0]、d[1]、d[2]，而 d[0]、d[1]、d[2]又是包含 5 个元素的一维数组：

d[0]：　d[0][0] d[0][1] d[0][2] d[0][3] d[0][4]

d[1]：　d[1][0] d[1][1] d[1][2] d[1][3] d[1][4]

d[2]：　d[2][0] d[2][1] d[2][2] d[2][3] d[2][4]

e 数组是一个三维数组，该数组包含 24（2×3×4）个元素。

2. 数组的初始化

在定义数组的同时给数组元素赋初值称为数组的初始化。其语法格式为：

<类型>　<数组名>[<常量表达式>]={<初值表>}

例如，下面都是合法的初始化数组元素的格式。

```
int a[10]={1,2,3,4,5,6,7,8,9,10};   //整型数组元素被全部初始化
float x[5]={2.1,2.2,2.3,2.4,2.5};   //浮点型数组元素被全部初始化
int b[10]={1,3,5,7,9};     //初始化部分数组元素
int c[]={2,4,6,8,10};      //通过对数组元素全部初始化，隐含给出数组的长度为 5
```

对于多维数组，下面都是合法的初始化数组元素的格式：

（1）int a[3][4]={{1,2,3,4},{3,4,5,6},{5,6,7,8}}; //a 数组元素被全部初始化

（2）int a[3][4]={1,2,3,4,3,4,5,6,5,6,7,8}; //a 数组元素被全部初始化

（3）int b[][3]={{1,3,5},{5,7,9}}; //初始化全部数组元素，隐含行数

（4）int c[3][3]={{1},{0,1},{0,0,1}}; //初始化部分数组元素

其实，（1）与（2）的初始化是等价的，即可以省略内层的花括号。对于数组的初始化要注意如下几个问题：

（1）初始化时，可以对全部元素赋初值，也可以对部分元素赋初值。

（2）如果只对部分元素赋初值，没有赋初值的元素默认为 0。

（3）若对所有元素赋初值，可以不显式指定数组的长度，系统会根据初值表中数据的个数自动定义数组的长度。

（4）在定义数组时，编译器必须知道数组的大小。因此，只有在初始化的数组定义中才能省略数组的大小。

3. 数组的应用

数组的使用即数组元素的使用，是通过数组名及下标运算符[]来使用的。每个元素由唯一下标来标识，即通过数组名及下标可以唯一地确定数组中的某个元素。

数组元素也称为下标变量。下标可以是常量、变量或表达式，但其值必须是整数。下标变量可以像简单变量一样参与各种运算。

请看下面的程序段。

程序段 1：

```
int a[5],b[2],i,j;
a[0]=b[0]=2;   //下标为常量
i=1;j=3;
a[i]=j;        //下标为变量
a[j+1]=8;      //下标为表达式
a[j]=3*a[1];
a[b[0]]=a[i]+a[0];  //下标是数组元素的值
b[1]=a[2];
```

程序段 2：

```
int h[5],i;
for(i=0;i<5;i++)
   h[i]=i+1;     //利用循环为数组元素赋值
```

程序段 3：

```
int a[5],b[5],i;
for(i=0;i<5;i++)
   { a[i]=2*i;
   }
b=a;    //错误的语句，赋值号左边不是左值
```

在程序段 3 中，试图通过语句 b=a;将 a 数组中的值拷贝到数组 b 中，结果出现了语法错误。正确的方法是将对应的元素进行拷贝，见下列程序段：

```
for(i=0;i<5;i++)
{
   a[i]=i+1;
   b[i]=a[i];    //将数组 a 中元素的值拷贝到 b 数组的对应元素中
}
```


数组是一种表示和存储数据的重要方法。利用数组可以实现计算、统计、排序和查找等各种运算，详见 2.7 节的程序举例。

2.3.6 结构体

结构体是由多种数据类型的数据组成的整体。组成结构的各个分量称为结构体的数据成员。

1. 结构体类型的定义

定义结构体类型的格式为：

struct <结构体类型名>
 {<成员类型 1> <成员名 1>;
  <成员类型 2> <成员名 2>;
  …
  <成员类型 n> <成员名 n>;
 };

其中，struct 是定义结构体类型的关键字，不能省略。<结构体类型名>是用户自己命名的标识符。struct 与<结构体类型名>组成特定的结构体类型名，它们可以像基本类型名一样（如 int、float 或 char）定义该结构体类型的变量或函数等。

花括号 { } 内的部分称为结构体。结构体是由若干结构成员组成的。每个结构成员有自

己的名称和数据类型，<成员名>是用户自己定义的标识符，<成员类型>既可以是基本数据类型，也可以是已定义过的某种数据类型（如数组类型、结构体类型等）。若几个结构成员具有相同的数据类型，可将它们定义在同一种成员类型之后，各成员名之间用逗号隔开。

结构体类型的定义应视为一个完整的语句，用一对花括号 {} 括起来，最后用分号结束。

例如：定义一个职工信息的结构体类型，包括职工编号、姓名、性别、年龄、出生日期和工资。

```
struct date //定义出生日期结构体类型
{ short year;
  short month;
  short day;
 };
struct employee //定义职工信息结构体类型
{ char num[5];
  char name[20];
  char sex;
  int age;
  struct date birthday;  //birthday 成员的数据类型是一个已定义过的 struct date
                         //结构体类型
};
```

在职工信息中包含出生日期数据项，出生日期又包含年、月、日 3 个数据项，所以要先定义一个出生日期结构体类型，然后再定义职工信息结构体类型。

说明：

（1）结构成员类型可以是任何合法的 C++类型。

（2）定义一个结构体类型并不分配内存，只有定义这个结构体类型的变量时，才分配内存。

2. 结构体类型变量

结构体类型定义之后并不为其分配内存，也就无法存储数据，只有在程序中定义了结构体类型变量之后才能存储数据。结构体类型变量简称结构体变量。

声明结构体变量的方式有以下三种：

（1）定义结构体类型的同时声明结构体变量。

声明的格式为：

```
struct <结构体类型名>
  {<成员类型 1> <成员名 1>;
      <成员类型 2> <成员名 2>;
   …
   <成员类型 n> <成员名 n>;
  }<变量名表>;
```

例如：

```
struct student
 {char num[10];
  char name[20];
  char sex;
```

```
  int age;
  float score[5];
 }st1,st2; //声明 2 个结构体变量 st1 和 st2
```

该语句在定义 student 结构体类型的同时声明了两个结构体变量 st1、st2。

（2）使用无名结构体类型声明结构体变量。

所谓无名结构体类型是指省略<结构体类型名>的结构体类型。如果在程序中不使用结构体类型名，可以采用无名结构体类型。

声明的格式为：

struct
    {<成员类型 1> <成员名 1>;
     <成员类型 2> <成员名 2>;
     …
     <成员类型 n> <成员名 n>;
    }<变量名表>;

由于这种声明格式没有类型名，所以只能用来声明结构体变量，而且以后也不能用它声明变量或函数等。

例如：

```
struct
{char num[10];
  char name[20];
  char sex;
  int age;
  float score[5];
}st1, st2,st3; //声明 3 个结构体变量 st1, st2,st3
```

该语句在定义无名结构体类型的同时声明了三个结构体变量 st1、st2 和 st3。

（3）用结构体类型声明结构体变量。

这种声明结构体变量的方式是先定义结构体类型，然后再声明结构体变量。

声明结构体变量的格式为：

[struct] <结构体类型名> <变量名表>;

其中，[]中的关键字 struct 可以省略。这种声明变量的格式与前面介绍过的变量声明语句格式类似，只是把标准类型的关键字（如 int、float 等）换成用户定义的类型而已。

例如：

```
struct date  //定义结构体类型
{short year;
 short month;
 short day;
};
struct date birthday1;   //声明一个结构体变量 birthday1
date birthday2;   //声明一个结构体变量 birthday2
```

3. 结构体变量的初始化

所谓结构体变量的初始化是指在定义结构体变量的同时给结构体变量赋初值。其初始化的方式有两种：一是用花括号{}括起来的若干成员值对结构体变量初始化；二是用同类型的变量对结构体变量初始化。

例如，下列结构体类型 struct student 包含 5 个域：

```
struct student
    {char num[10];
     char name[20];
     char sex;
     int age;
     float score[5];
    };
```

下面对结构体变量的初始化语句都是正确的。

（1）struct student st1= {"001","Wangfang",'f',18,{96,86,88,62,53}};

（2）struct student st2=st1;

语句（1）是用成员值对 st1 初始化，这种方式是将它的每一个成员值拷贝到 st1 相应的域中。初始化数据中成员值的个数可以小于变量的成员数。

语句（2）是用同类型的变量 st1 对 st2 初始化，这种方式是将变量 st1 拷贝到 st2 中。

假设有下列结构体类型定义：

```
struct st
{  char ch;
   int i;
   float f;
};
```

结构体类型 struct st 在内存中占多少个字节呢？我们知道一个字符占 1 个字节，一个 int 型整数占 4 个字节，一个 float 型实数占 4 个字节，所以 struct st 类型应该占 9 个字节。但在 C++语言中，系统通常为结构体对象分配整数倍大小的机器字长（4 个字节），所以 struct st 类型实际占 12 个字节。此时，ch 成员也占 4 个字节，但仅第一个字节被用，后面的 3 个字节未用。

2.3.7　联合体

在 C++中，联合体的功能和语法结构都和 C 语言的联合体相同。它与结构体类型比较相像，也是由若干个数据成员组成，并且引用成员的方式也一样。但它们也有区别，结构体定义了一组相关数据的集合，而共同体定义了一块为所有数据成员共享的内存空间。随之而来的是，在某一时刻，结构体成员可以同时被访问，共同体只有一个成员可以被访问。

定义联合体类型的格式为：

```
union <联合体类型名>
    {<成员类型 1> <成员名 1>;
     <成员类型 2> <成员名 2>;
     …
     <成员类型 n> <成员名 n>;
    };
```

其中，union 是定义联合体类型的关键字。<联合体类型名>是用户自己命名的标识符。union 与<联合体类型名>组成特定的联合体类型名，它们可以像基本类型名一样（如 int、float 或 char）

定义自己的变量。

C++语言中允许省略<联合体类型名>，定义无名联合体类型（也称匿名联合体体类型）。

花括号｛｝内的部分称为联合体。联合体是由若干成员组成的。每个联合体成员有自己的名称和数据类型，<成员名>是用户自己定义的标识符，<成员类型>既可以是基本数据类型，也可以是已定义过的某种数据类型（如数组类型、结构体类型等）。

联合体类型的定义应视为一个完整的语句，用一对花括号｛｝括起来，最后用分号结束。

例如：

（1）
```
union unioncif //定义一个包括 3 个成员的联合体类型 unioncif
{ char ch;
  int i;
  float f;
};
```
（2）
```
union  //定义一个包括 3 个成员的匿名联合体类型
{ char ch;
  int i;
  float f;
};
```

2.3.8 枚举类型

枚举类型也是一种用户自定义类型，是由若干个有名字常量组成的有限集合。实际上枚举就是将所有可能的取值一枚一枚地列举出来。

1. 枚举类型

定义枚举类型的格式为：

enum <枚举类型名>
{<枚举元素 1>[=<整型常量 1>],
 <枚举元素 2>[=<整型常量 2>],
…
<枚举元素 n>[=<整型常量 n>],
}

其中，enum 是定义枚举类型的关键字，不能省略。<枚举类型名>是用户定义的标识符。<枚举元素>也称为枚举常量，也是用户定义的标识符。

C++语言允许用<整型常量>为枚举元素指定一个值。如果省略<整型常量>，默认<枚举元素 1>的值为 0，<枚举元素 2>的值为 1，…，依此类推，<枚举元素 n>的值为 n-1。

例如：

```
enum season { spring=1,summer,autumn,winter};  //定义了枚举类型 season
```

枚举类型 season 有 4 个元素：spring、summer、autumn 和 winter。spring 的值被指定为 1，因此剩余各元素的值分别为：summer=2，autumn=3，winter=4。

2. 枚举变量

枚举变量可以在定义枚举类型的同时声明，也可以用枚举类型声明。

例如：

```
enum season {spring=1,summer,autumn,winter}s=winter;  //声明一个枚举变量 s
enum weekday {Mon=1,Tues,Wed,Thurs,Fri,Sat,Sun=0};  //声明枚举类型
enum weekday day1=Sun,day2;  //声明两个枚举变量 day1 和 day2，并为 day1 赋初值 Sun
```

2.3.9　用 typedef 类型

C++语言允许用 typedef 给已存在的数据类型起一个别名。其语法格式为：

typedef <类型名 1> <类型名 2>;

其中，<类型名 1>可以是 C++语言中的标准类型名，也可以是用户定义的类型名。<类型名 2>是用户为<类型名 1>起的别名。

在程序中可以用别名声明一个新对象。

例如：

（1）`typedef float REAL;`

则下面两个声明语句是等价的。

```
float x,y;
REAL x,y;
```

（2）
```
typedef struct
      {char name[20];
       char author[10];
       float price;
      }BOOK; //定义结构体类型 BOOK
    BOOK book[10]; //用 BOOK 声明一个结构体数组 book
```

（3）`typedef char AUTHOR[10]; //给 char 起别名 AUTHOR[10]`

则下面两个声明语句等价。

```
char author[10];
AUTHOR author;
```

typedef 也称为存储类修饰符。这是因为 typedef 与 auto、register、static 和 extern 存储类修饰符在语法上出现在声明语句的同一位置。这 5 个关键字是互斥的，即不能同时出现在一个声明语句中。

2.3.10　数据类型转换

1. 自动转换

如果在一个表达式中出现不同数据类型（字符型、整型、浮点型）的数据进行混合运算时，C++语言利用特定的转换规则将两个不同类型的操作数自动转换成同一类型的操作数，然后再进行运算，这种自动转换的功能也称为隐式转换。

例如：

```
int i=6;
char ch='b';
float f=8.36;
double df=9.63;
```

表达式 ch*i+f*2.0-df 的计算过程为：

（1）将 ch 转换为 int 型，计算 ch*i=98*6=588;

（2）将 f 转换为 double 型，计算 f*2.0=8.36*2=16.72；

（3）将 ch*i 转换为 double 型，计算 588+16.72=604.72；

（4）计算 604.72-df=604.72-9.63=595.09。

当参与运算的两个操作数中至少有一个是 float 型，并且另一个不是 double 型，则运算结果为 float 型。

当参与运算的两个操作数中至少有一个是 double 型，则运算结果为 float 型。

2. 强制转换

C++允许将某种数据类型强制性地转换为另一种指定的类型，其转换的语法格式为：

（<数据类型>）<表达式>;

或者

<数据类型>（<表达式>）;

例如：

```
int i=10;
float x=(float) i; //将整型转换为浮点型，
```

不过，在 C++中推荐更为规范的格式：

```
int i=10;
float x=float(i);
```

2.4 运算符、表达式和基本语句

C++运算符又称操作符，它是对数据进行运算的符号，参与运算的数据称为操作数或运算对象，由操作数和操作符连接而成的有效的式子称为表达式。

2.4.1 运算符

C++的运算符十分丰富，按照运算符要求操作数个数的多少，可把 C++运算符分为单目（或一元）运算符、双目（或二元）运算符和三目（或三元）运算符三类。单目运算符一般位于操作数的前面，如对 x 取负为-x；双目运算符一般位于两个操作数之间，如两个数 a 和 b 相加表示为 a+b；三目运算符只有一个，即为条件运算符，它含有两个字符，分别把三个操作数分开。

一个运算符可能是一个字符，也可能由两个或三个字符组成，还有的是一些 C++保留字。如赋值号（=）就是一个字符，不等于号（!=）就是两个字符，左移赋值号（<<=）就是三个字符，测类型长度运算符（sizeof）就是一个保留字。

每一种运算符都具有一定的优先级，用来决定它在表达式中的运算次序。一个表达式中通常包含有多个运算符，对它们进行运算的次序通常与每一个运算符从左到右出现的次序相一致，但若它的下一个（即右边一个）运算符的优先级较高，则下一个运算符应先被计算。如当计算表达式 a+b*(c-d)/e 时，则每个运算符的运算次序依次为：-，*，/，+。

对于同一优先级的运算符，当在同一个表达式的计算过程中相邻出现时，可能是按照从左到右的次序进行，也可能是按照从右到左的次序进行，这要看运算符的结合性。如加和减运算为同一优先级，它们的结合性是从左到右，即当计算 a+b-c+d 时，先做最左边的加法，再做中间的减法，最后做右边的加法；又如各种赋值操作是属于同一优先级，但结合性是从右到左，即当计算 a=b=c 时，先做右边的赋值，使 c 的值赋给 b，再做左边的赋值，使 b 的值赋给 a。

表 2-3 列出了在 C++语言中定义的全部运算符，其中优先级数字从小到大对应的优先级别为从高到低。

表 2-3　C++运算符

<table>
<tr><th>优先级</th><th>运算符</th><th>功能</th><th>目数</th><th>结合性</th></tr>
<tr><td rowspan="5">1</td><td>::</td><td>作用域区分符</td><td rowspan="5">双目</td><td rowspan="5">从左向右</td></tr>
<tr><td>()</td><td>改变运算优先级或
函数调用操作符</td></tr>
<tr><td>[]</td><td>访问数组元素</td></tr>
<tr><td>.</td><td>直接访问数据成员</td></tr>
<tr><td>-></td><td>间接访问数据成员</td></tr>
<tr><td rowspan="10">2</td><td>!</td><td>逻辑非</td><td rowspan="10">单目</td><td rowspan="10">从右向左</td></tr>
<tr><td>~</td><td>按位取反</td></tr>
<tr><td>+，-</td><td>取正，取负</td></tr>
<tr><td>*</td><td>间接访问对象</td></tr>
<tr><td>&</td><td>取对象地址</td></tr>
<tr><td>++，--</td><td>增 1，减 1</td></tr>
<tr><td>()</td><td>强制类型转换</td></tr>
<tr><td>sizeof</td><td>测类型长度</td></tr>
<tr><td>new</td><td>动态申请内存单元</td></tr>
<tr><td>delete</td><td>释放 new 申请的单元</td></tr>
<tr><td rowspan="2">3</td><td>.*</td><td>引用指向类成员的指针</td><td rowspan="2">双目</td><td rowspan="2">从左到右</td></tr>
<tr><td>->*</td><td>引用指向类成员的指针</td></tr>
<tr><td>4</td><td>*，/，%</td><td>乘，除，取余</td><td rowspan="10">双目</td><td rowspan="10">从左向右</td></tr>
<tr><td>5</td><td>+，-</td><td>加，减</td></tr>
<tr><td>6</td><td><<，>></td><td>按位左移，按位右移</td></tr>
<tr><td>7</td><td><，<=，
>，>=</td><td>小于，小于等于
大于，大于等于</td></tr>
<tr><td>8</td><td>==，!=</td><td>等于，不等于</td></tr>
<tr><td>9</td><td>&</td><td>按位与</td></tr>
<tr><td>10</td><td>^</td><td>按位异或</td></tr>
<tr><td>11</td><td>|</td><td>按位或</td></tr>
<tr><td>12</td><td>&&</td><td>逻辑与</td></tr>
<tr><td>13</td><td>||</td><td>逻辑或</td></tr>
<tr><td>14</td><td>?:</td><td>条件运算符</td><td>三目</td><td>从右向左</td></tr>
</table>

续表

优先级	运算符	功能	目数	结合性
15	=	赋值	双目	从右向左
	+=，-=	加赋值，减赋值		
	*=，/=	乘赋值，除赋值		
	%=，&=	取余赋值，按位与赋值		
	^=	按位异或赋值		
	|=	按位或赋值		
	<<=	按位左移赋值		
	>>=	按位右移赋值		
16	,	逗号运算符	双目	从左向右

下面对表 2-3 中的一些运算符作简要介绍，对其它的一些运算符将结合以后各章的有关内容来介绍。

1．双目算术运算符

这类运算符包括加、减、乘、除和取余等五种，它们的含义与数学上相同。该类运算的操作数为任一种数值类型，包括任一种整数类型和任一种实数类型。由算术运算符（包括单目和双目）连接操作数而成的式子称为算术（或数值）表达式，每个算术表达式的值为一个数值，其类型按如下规则确定：

当参加运算的两个操作数均为整型（但具体类型可以不同，如一个为 int 型，另一个为 char 型）时，则运算结果为 int 型（因在 VC++中 int 和 long int 的值域范围相同，所以均可认为是 int 型），注意：两个整数相除得到的是它们的整数商，两个整数取余得到的是整余数；

当参加运算的两个操作数中至少有一个是单精度型，并且另一个不是双精度型时，则运算结果为 float 型；

当参加运算的两个操作数中至少有一个是双精度型时，则运算结果为 double 型。

假定整型变量 x 和 y 的值分别为 25 和 6，则下面给出整数运算，特别是含有除和取余运算的例子：

```
x/8=3              x/y+5=9
10-y%x=4            x%5=0
x*3%4=3             65%x/3=5
-56/6=-9            -56%6=-2
```

若要使两个整数相除得到一个实数，则必须将其中之一转变为实数。如：

```
9.0/2=4.5           -15/4.0=-3.75
float(y)/x=0.24     x/double(-8)=-3.125
```

其中 float(y)和 double(-8)分别表示把括号内的表达式的值转换为一个单精度数和双精度数。

2．赋值运算符

赋值运算除了一般的赋值运算（=）外，还包括各种复合赋值运算，如+=，-=，*=，/=等。一般赋值运算采用的赋值号借用数学上的等号，其功能是把赋值号右边的表达式的值赋给左边变量所对应的存储单元中。由一般或复合赋值号连接左边变量和右边表达式而构成的式子称为赋值表达式，每个赋值表达式都有一个值，它就是通过赋值得到的左边变量的值。如 x=3*15-2 的值就是通过赋值保存在 x 中的值 43。

通常在一个赋值表达式中，赋值号两边的数据类型是相同的，若出现不同时，则在赋值前自动把右边表达式的值转换为与左边变量类型相同的值，然后再把这个值赋给左边变量。如执行 x=20/3.0 时，若 x 为整型，则得到的 x 的值为 6，它是将右边计算得到的双精度值舍去小数部分，只保留整数部分 6 的结果。再如，执行 y=40 时，若 y 为双精度变量，则首先把 40 转换为双精度数 40.0（或表示为 4.0e1）后再赋给 y。注意，当把一个实数值赋给一个整型量时，将丢失小数部分，获得的只是整数部分，它是实数的一个近似值。

在一个赋值表达式中可以使用多个赋值号实现给多个变量赋值的功能。如执行 x=y=z=0 时就能够同时给 x，y 和 z 赋值 0。由于赋值号的结合性是从右向左，所以实际赋值过程是：首先把 0 赋给 z，得到子表达式 z=0 的值为 z 的值 0，接着把这个值赋给 y，得到子表达式 y=z=0 的值为 y 的值 0，最后把这个值赋给 x，使 x 的值也为 0。整个表达式的值也就是 x 的值 0。

赋值号也可以使用在常量和变量的定义语句中，用于给它们赋初值。但这里的赋值号只起到赋初值的作用，并不构成赋值表达式。

在 C++中有许多复合赋值运算符，每个运算符的含义为：把右边表达式的值同左边变量的值进行相应运算后，再把这个运算结果赋给左边的变量，该复合赋值表达式的值也就是保存在左边变量中的值。如执行 x+=3 时，就是把 x 的值加上 3 后再赋给 x，它与执行 x=x+3 表达式的计算是等价的，若 x 的值为 5，则计算后得到的 x 的值为 8，它也是这个表达式的值。

对于任一种赋值运算，其赋值号或复合赋值号左边必须是一个左值。左值是指具有对应的可由用户访问的存储单元，并且能够由用户改变其值的量。如一个变量就是一个左值，因为它对应着一个存储单元，并可由编程者通过变量名访问和改变其值，而一个字面常量就不是一个左值，因为它不存在供用户访问并能改变其值的存储单元，一个通过 const 语句定义的符号常量也不是一个左值，因为虽然用户能访问它，但不能改变它的值，一般的算术表达式（如 x*5+2）也不是一个左值，因为它的值只能随时被使用，不能再访问和改变它。由此可知：表达式(x+5)=10 是非法的，因为赋值号左边的(x+5)是一个值，而不是一个左值，常量 10 无法赋给它。不是左值的量被称为右值。

一个赋值表达式的结果实际上是一个左值，指的是赋值号左边的变量。如 x=y-2 的值就是被赋值后的 x，它是一个左值，代表着对应存储单元中的值。同样，x*=y 的结果也是一个左值，即 x。表达式(x+=5)*=2 是合法的，其结果为左值 x，若 x 的原值为 5，则最后得到的 x 值为 20。

3. 增 1 和减 1 运算符

增 1 运算符用连续两个加号（++）表示，减 1 运算符用连续两个减号（--）表示。它们都是单目操作符，并且要求操作数必须是左值，通常为一个变量，操作数的类型可以是任一种整数类型，对于枚举类型需要有相应操作符重载的定义。

++和--运算符有两种使用格式：一是使用在操作数的前面，二是使用在操作数的后面，它们都是将操作数分别增 1 或减 1，但含义略有区别。进行++或--运算构成的表达式称为增 1 或减 1 表达式，当操作符使用在前面时，首先使操作数增 1 或减 1，然后求出表达式的值就是被增 1 或减 1 后的操作数，它是一个左值；当操作符使用在后面时，同样使操作数增 1 或减 1，但求出的表达式的值是运算前的操作数的值，注意：它不是一个左值。

假定下面每个表达式中整型变量 x 的值均为 10，则：

（1）++x　　//表达式的值为增 1 后的 x，值为 11

（2）x++　　//x 变为 11，但表达式的值为 10

（3）--x　　//表达式的值为减 1 后的 x，值为 9

（4）x--　　//x 变为 9，但表达式的值为 10

（5）++x=5　　//x 首先变为 11，然后变为 5，此语句合法，但可能没意义

（6）x++=5　　//x++不是左值，因此不能被赋值，此表达式非法

（7）--x--　　//因为--的结合性为从右向左，所以先得到 x 的值为 9，
//x--的值为 10，它不是左值，接着进行左边减 1 时非法

（8）--++x　　//结果仍为左值 x

（9）y=x++　　//x 变为 11，y 的值为 10

（10）y=--x　　//x 变为 9，y 的值为 10

（11）y=5*x++　　//x 变为 11，y 的值为 50

（12）y=x*++x;　　//y 的值为 121。当算术表达式中多处出现同一变量时，
//最好不要对它进行++或--操作，以免发生混乱。如应将
//此语句改写为“x++;”和“y=x*x;”这两条语句。

还要注意：x++和 x+1 是不同的表达式，x++的值为 x 的原值，x 的值为增 1 后的值，x+1 的值为 x 的值加 1 后的结果，运算前后 x 的值不变。++x 和 x+=1 及 x=x+1 的作用是完全相同的。同理，x--与 x-1 不同，而--x 和 x-=1 及 x=x-1 的作用是完全相同的。

4. 测类型长度运算符

该运算符的使用格式为：

sizeof(<类型名或表达式>)

运算结果是类型名所表示类型的长度或表达式的值所占用的字节数，即这个值所属类型的长度。如：

（1）sizeof(int)=4

（2）sizeof(double)=8

（3）sizeof(100)=4

（4）sizeof('a')=1

（5）sizeof(struct ABC)　　//求出结构类型 ABC 的长度

（6）sizeof(a)　　//求出变量 a 的长度，即它所占用的字节数

5. 强制类型转换

强制类型转换是把一种类型的数据转换为另一种类型的数据，转换格式为：

<类型关键字>(<表达式>)

或：

(<类型关键字>)<表达式>

或：

(<类型关键字>)(<表达式>)

无论待转换的<表达式>是什么形式的数据，如常量、变量、函数调用或带有运算符的表达式，则转换后得到的是<类型关键字>所属类型的一个值，它不是一个左值。假定 x 为 int 型，

其值为 80，r 为字符型，其值为'd'，对应的 ASCII 值为 100，则：

（1）float(x)=80.0　　　　　//结果为 float 型，当然 x 的类型和值不变
（2）double(-1)=-1.0　　　　//结果为 double 型
（3）char(x)= 'P'　　　　　　//结果为 char 型，x 的类型和值不变
（4）int(r)=100　　　　　　　//结果为 int 型，r 的类型和值不变
（5）(long double)'h'=104.0　//结果为 double 型
（6）(int *)p　　　　　　　　//把 p 的值转换为一个整数类型的指针值
（7）(short int)(5*x-6)　　　//把 5*x-6 的值转换为一个短整型值
（8）(char *)(p++)　　　　　//把 p 的原值转换为一个字符型指针值，同时 p 增 1

6. 按位操作符

按位操作符要求操作数必须是整型、字符型和逻辑型数据。一个数按位左移（<<）多少位将通常使结果比操作数扩大 2 的多少次幂；按位右移（>>）多少位将通常使结果比操作数缩小 2 的多少次幂；按位取反（~）使结果为操作数的按位反，即 0 变 1 和 1 变 0；按位与（&）使结果为两个操作数的对应二进制位的与，1 和 1 的与得 1，否则为 0；按位或（|）使结果为两个操作数的对应二进制位的或，0 和 0 的或得 0，否则为 1；按位异或（^）使结果为两个操作数的对应二进制位的异或，0 和 1 及 1 和 0 的异或得 1，否则为 0。每一种按位操作的结果都是一个值，但不是左值。

假定若整数变量 x=24，y=36，它们对应的二进制表示为 00011000 和 00100100，因为高位三个字节的值均为 0，所以省略不写，则：

（1）x<<2=96　　　　//x 的值不变，表达式值为对 x 值左移 2 位而得到的值 96
（2）y>>3=4　　　　　// y 的值不变，表达式值为 4，约为 y 的 1/8
（3）~x=-25　　　　　//x 不变，表达式的值为-25
（4）x&y=0　　　　　//x 和 y 不变，表达式的值为 0
（5）x|y=60　　　　　// x 和 y 不变，表达式的值为 60
（6）x|44=60　　　　//表达式的值为 60
（7）x^44=52
（8）x|x<<2=120　　//x 的值不变，表达式的值等于 120

7. 关系运算符

关系运算符共有 6 个：小于（<）、小于等于（<=）、大于（>）、大于等于（>=）、等于（==）和不等于（!=），它们都是双目运算符，用来比较两个操作数的大小，运算结果均为逻辑值 0 或 1。由一个关系运算符连接前后两个数值表达式而构成的式子称为关系表达式，简称关系式。当一个关系式成立时则计算结果为逻辑值真（1），否则为逻辑值假（0）。

假定 x=20，y=3.25，ch 为一个字符变量，则：

（1）x==0　　　　　　//不成立，结果为 0
（2）x!=y　　　　　　//成立，结果为 1
（3）x++>=21　　　　//不成立，结果为 0，x 变为 21
（4）++x==21　　　　//成立，结果为 1，x 变为 21
（5）y+10<y*10　　　//成立，结果为 1
（6）x--<20　　　　　//不成立，结果为 0，x 变为 19

（7）'a'=='A'　　　　　　//不成立，结果为 0

（8）ch!=0　　　　　　　//或写成 ch!= '\0'，当 ch 非 0 时结果为 1，否则为 0

在上述 6 个关系运算符中，可分为三组：<和>=、>和<=、==和!=，每组中的两个运算符是互为反运算，当一种运算结果为 1 时，它的反运算结果必然为 0。如当 x>y 成立时，其逻辑值为 1，则它的反运算 x<=y 必然不成立，其逻辑值为 0。由反运算构成的式子称为原式的相反式。如 x>y 和 x<=y 就互为相反式。

8．逻辑运算符

逻辑运算符有三个：逻辑非（!）、逻辑与（&&）和逻辑或（||），其中!为单目运算符，&&和||为双目运算符。逻辑运算的对象是逻辑值 0 或 1，若它不是一个逻辑值，则对于非 0 值首先转换为逻辑值 1，对于 0 值转换为逻辑值 0。逻辑运算的结果是一个逻辑值 0 或 1。

逻辑非是对操作对象取反，若操作对象为 1，则运算结果为 0，若操作对象为 0，则运算结果为 1；逻辑与的结果是当两个操作对象都为 1 时，其值为 1，否则为 0；逻辑非的结果是当两个操作对象都为 0 时，其值为 0，否则为 1。逻辑非、与、或的运算规则如表 2-4 所示。

表 2-4　逻辑运算规则

a	B	!a	a && b	a || b
0	0	1	0	0
0	1	1	0	1
1	0	0	0	1
1	1	0	1	1

逻辑运算的操作数是逻辑型数据，逻辑常量、逻辑变量、关系表达式等都是逻辑型数据，由逻辑型数据和逻辑运算符连接而成的式子称为逻辑表达式，简称逻辑式。一个数值表达式也可以作为一个逻辑型数据使用，当值为 0 时则认为是逻辑值 0，当值为非 0 时则认为是逻辑值 1。总之，任何一个具有 0 和非 0 取值的式子都可以作为逻辑表达式使用。

仍假定 x=20，y=3.25，则：

（1）x>0 && y>0　　　　//1&&1，结果为 1

（2）x>0 && true　　　　//1&&1，结果为 1

（3）x && false　　　　//1&&0，结果为 0

（4）!x==0　　　　　　//结果为 1，注意：先进行非运算，后进行等于运算

（5）!(x>=0)　　　　　　//结果为 0

（6）!x || y<1　　　　　//结果为 0

（7）x<-10 || x>10　　　//0||1，结果为 1

（8）x++!=20 || y　　　//0||1，结果为 1

（9）x<=0 && x<y　　　//0&&0，结果为 0

在逻辑运算中，存在着以下三种等价关系：

（1）!!a == a

（2）!(a && b) == !a || !b

（3）!(a || b) == !a && !b

其中 a 和 b 均代表逻辑量，即取值为逻辑值 0 和 1 的量。这三个等价关系的含义为：对一个逻辑量的两次取反仍等于它本身；对两个逻辑量的先与再取反等于分别对它们取反后再或；对两个逻辑量的先或再取反等于分别对它们取反后再与。这可以从表 2-5 得到证明。

表 2-5　证明逻辑等价关系的真值表

a	b	!!a	!(a && b)	!a || !b	!(a || b)	!a && !b
0	0	0	1	1	1	1
0	1	0	1	1	0	0
1	0	1	1	1	0	0
1	1	1	0	0	0	0

由表 2-5 可以看出：上面每一种等价关系是成立的，因为对于 a 和 b 的任意组合，两边的逻辑值是相等的。

一个逻辑表达式的逻辑非称为这个逻辑表达式的相反式，根据上述的等价关系，很容易求出一个逻辑表达式的相反式。如：

（1）x>=5　　　　　　x<5

（2）x　　　　　　　　!x

（3）x==0 && y>1　　　x!=0 || y<=1

（4）x>1 && x<=20　　　x<=1 || x>20

（5）x!=key && flag==true　　　x==key || flag==false

（6）ch<'a' || ch>'z'　　　ch>='a' && ch<='z'

（7）a==b || a==c　　　a!=b && a!=c

（8）a>=x || b>2*y+10　　　a<x && b<=2*y+10

从每个例子可以看出：一个逻辑表达式和它的相反式互为相反式。能够求出一个逻辑表达式的相反式，对于提高程序分析和设计能力很有帮助。

9. 条件运算符

条件运算符（?:）是 C++中唯一一个三目运算符，其使用格式为：

<表达式 1> ? <表达式 2> : <表达式 3>

当计算由条件运算符构成的表达式时，首先计算<表达式 1>，若其值非 0 则计算出<表达式 2>的值，这个值就是整个表达式的值；若<表达式 1>的值为 0，则计算出<表达式 3>的值，它就是整个表达式的值。如：

（1）a=(x>y ? x : y)　　　//若 x>y 为真则把 x 的值赋给 a，否则把 y 的值赋给 a

（2）x?y=a+10:y=3*a-1　　　//若 x 非 0 则把 a+10 的值赋给 y，否则把 3*a-1 的值赋给 y

10. 逗号运算符

逗号运算符是一种顺序运算符，对于分别用逗号分开的若干个表达式，每个逗号都称为逗号运算符，合起来称为逗号表达式。计算一个逗号表达式时，将按照每个子表达式从左到右出现的先后次序依次计算出它们的值，最后一个子表达式的值就是整个表达式的值。如(x++,y+=x,z--)就是一个逗号表达式，它首先计算 x++的值，该计算使 x 增 1；接着计算 y+=x 的值，该计算使 y 增加了 x 的值；最后计算 z--的值，使 z 减 1，而 z 的原值则成为整个表达式

的值。

11. 圆括号运算符

使用圆括号能够改变运算的优先级，使得括号内的运算优先进行，这与数学上的含义相同。

在 C++语言中，运算符比较多，级别划分得也比较细，往往不容易正确地记住每个运算符的优先级，因此也就不容易把它们正确地使用在复杂的表达式中。为了使表达式中每个运算符的运算次序按照希望的次序进行，请使用圆括号进行限定，即使有时是多余的，也没有关系，因为它还能够使表达式更清晰，提高程序的可读性。如：

（1）x>0 && x<3　　　　　　　　　//表示为(x>0) && (x<3)可能更清晰

（2）cout<<(x>y?x:y)<<endl;

在第二条语句中，若不使用括号是错误的，因为<<的优先级高于>和?:，所以不能把条件表达式作为一个整体看待。注意：在 cout 语句中，<<不是左移操作符，而是重新赋予了把其后的一个数据项的值插入（即输出）到屏幕输出窗口的含义，虽然<<被赋予了新的含义，但它的优先级、操作数个数和结合性等固有的运算符属性不会改变。另外，因为大于号的优先级高于条件运算符的优先级，所以，当执行 x>y?x:y 时，先计算 x>y，再得到 x 或 y，

为了使计算次序更明确，可以把 x>y 用圆括号括起来，即书写为：(x>y)?x:y。

12. new 和 delete

在 C 语言中，动态内存的分配与释放用函数 malloc()和 free()来进行，C++提供了操作符 new 和 delete 来做同样的工作，而且后者比前者更方便。

运算符 new 用来分配内存的基本语法形式为：

指针变量=new 类型名;

该语句在程序运行过程中从称为堆的一块自由存储区中为程序分配一块 sizeof(类型名)字节大小的内存空间，该内存空间的首地址存于指针变量中。

运算符 delete 用来释放 new 分配的内存空间。其基本语法形式为：

delete 指针变量;

下面是 new 和 delete 操作的一个例子。

【例 2.4】new 和 delete 的使用。

```
#include<iostream>
using namespace std;
int main()
{
    int *p;
    p=new int;
    if(!p)
    {
      cout<<"allocateion failure"<<endl;  //如果申请不成功返回 allocation
                                           //failure，否则返回相应指针
      return 1;
    }
    * p=10;
    cout<<*p<<endl;
    delete p;//释放 p 指向的内存空间
```

```
    cout<<*p<<endl;
    return 0;
}
```

输出的结果是：

```
10
-572662307
```

该程序定义了一个整型指针变量 p，然后用 new 为其分配了一块存放整型数据的内存空间，p 指向这个内存空间，然后在这个内存空间存入初值 10，并将其打印出来。最后，用 delete 释放 p 指向的内存空间，第二次输出*p 的值时产生错误。

new 和 delete 的功能类似于 malloc()和 free()，但是它们有以下优点：

（1）new 可以自动计算所需内存的类型的大小，而不必使用 sizeof()来计算所需的字节数。

（2）new 能够自动返回正确的指针类型，不必对返回指针再做强制类型转换。

（3）可以用 new 将分配的对象初始化。

（4）new 和 delete 都可以被重载，C++允许建立自定义的内存管理算法。

下面再对 new 和 delete 的使用作几点说明：

（1）用 new 分配的空间在使用之后要用 delete 显式地释放，否则这部分空间将不能被回收而成为死空间。

（2）使用 new 分配内存空间时，如果没有足够的内存满足分配要求，new 将返回空指针 NULL，因此通常要对内存的分配是否成功进行检查。如果内存分配失败，则屏幕上会显示“allocation failure”。

（3）使用 new 可以为数组分配内存空间，这时需要在类型名后面缀上数组的大小。其语法形式是：

指针变量=new 类型名[下标表达式]；

例如：

```
int *p=new int[8];
```

这时 new 为具有 8 个元素的整型数组分配了内存空间，并将首地址赋给了指针 p。

当使用 new 为多维数组分配空间时，必须提供所有维的大小。如：

```
int *p=new int[3][5];
```

（4）释放动态分配的数组存储空间时，可用 delete 运算符，其语法形式如下：

delete []指针变量；

无须指出空间的大小。如 delete []p;

（5）new 可以为简单变量分配内存空间的同时，进行初始化。其语法形式如下：

指针变量=new 类型名（初始值列表）；

例如下面的例子：

【例 2.5】new 为简单变量分配内存空间。

```
#include<iostream>
using namespace std;
int main()
{
    int *p;
    p=new int[9];//为 9 个元素的整型数组分配了内存空间，并将首地址赋给了指针 p
```

```
    if(!p)
    {
        cout<<"allocation failure"<<endl;
        return 1;
    }
    cout<<*p<<endl;
    delete p;
    return 0;
}
```

但要注意的是：new 不能对数组进行初始化。

【例 2.6】给数组分配内存空间。

```
#include<iostream>
using namespace std;
int main()
{
    int *p;
    int i;
    p=new int[10];//动态分配长度为 10 的内存空间
    if(!p)
    {
        cout<<"allocation failure"<<endl;
        return 1;
    }
    for(i=0;i<10;i++)
        p[i]=i;
    for(i=0;i<10;i++)
        cout<<p[i]<<endl;
    delete [ ]p;
    return 0;
}
```


2.4.2 表达式

由运算符和操作数组成的字符序列称为表达式，其目的是计算之后求得一个结果值。操作数可以是常量、变量、函数和其它一些标识符。

在 C++语言中表达式的种类很多，其分类方法也很多。按运算符的不同可将表达式分为：算术表达式、赋值表达式、关系表达式、逻辑表达式和逗号表达式。

1. 算术表达式

由算术运算符、位操作运算符和操作数组成的字符序列称为算术表达式，算术表达式的值为整型或浮点型值。当除法运算符（/）作用于两个整型操作数时，表达式的结果为一个整数，否则为一个浮点数，模运算符（%）要求两个操作数必须是整数。

2. 赋值表达式

由赋值运算符和操作数组成的字符序列称为赋值表达式。赋值表达式要求赋值号（=）左边必须是左值，其功能是用右值表达式的值修改左值。赋值表达式的计算顺序是从右向左进行

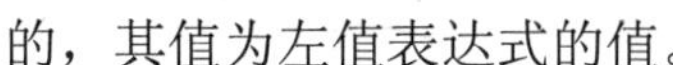

的，其值为左值表达式的值。

例如：

```
high=5*6  //表达式的值为 high 的值 30
high=low=0 //相当于 low=0，high=low，整个表达式的值为 high 的值 0
midx+=3*9 //相当于 midx=midx+3*9
```

C++语言在使用了复合赋值表达式后，使语句看起来非常简练。

说明：

（1）赋值表达式本身是左值，可以出现在赋值号（=）左边。

```
(x=5)=23+6 // x=5 是左值，被修改为 29，29 即为整个表达式的值
x=y=z=0 //从右向左计算，先使 z=0，然后再将 z 的值赋给 y，最后将 y 的值赋给 x
```

（2）声明语句中的符号（=）为初始化符号，尽管在书写上与赋值号（=）一样，但含义不同。

```
float radius1=5.63f; // 声明了一个变量 radius1，并初始化成 5.36
int sum1=total1=0; // 语法错误，要求分别初始化 sum1 和 total1
float radius2; //声明变量 radius2
int sum2,total2; //声明变量 sum2 和 total2
radius2=5.63f //给变量 radius2 赋值
sum2=total2=0 //给变量 sum2 和 total2 赋值
```

（3）赋值表达式的值类型为左值的类型。

```
int mnt;    //声明变量 mnt
mnt=2.9+6   //先计算右值表达式的值 2.9+6=8.9，然后取整数部分 8 赋给左值 mnt，并使整个
            //表达式的结果为 8
```


3. 关系表达式

由关系运算符和操作数组成的字符序列称为关系表达式。关系表达式具有逻辑值，即如果表达式中的关系成立，则表达式的值为逻辑真（用 1 表示），否则表达式的值为逻辑假（用 0 表示）。关系表达式通常用来构造简单条件表达式，用在程序流程控制语句中。

例如：

```
if(x>0) //测试 x 是否大于 0
  y=x; //如果 x 大于 0，y 取 x 的值
else
  y=-x; //如果 x 不大于 0，y 取-x 的值
```

关系运算符==用来比较两个操作数是否相等。如果两个操作数相等，运算结果为 1，否则为 0。关系运算符!=用来比较两个操作数是否不相等。如果两个操作数不相等，运算结果为 1，否则为 0。

=和==是两个完全不同含义的运算符，注意不要误写。试比较下面两个程序段：

（1）if(x==168) //如果 x 等于 168…

（2）if(x=168) //x 取 168，条件永远成立…

单从语法上看，上面两个程序段是没有错误的，因此一旦将==误写成=，编译器是不会给出错误信息的，但两者的含义完全不同，将会产生错误的结果。

4. 逻辑表达式

由逻辑运算符和操作数组成的字符序列称为逻辑表达式。逻辑表达式具有逻辑值，一般用来构造比较复杂的条件表达式。

例如：

```
age<=28 && pay<600 || age>28 && pay<800
!(x==5) && y>x
```

（1）在 && 逻辑表达式中，首先计算第一个操作数的值，若其值为真，计算第二个操作数的值，并将其值作为整个逻辑表达式的值；若第一个操作数的值为假，就将其值作为整个逻辑表达式的值，并结束整个表达式的计算。

例如：

```
width<=12.3 && height++<=8.9
```

先计算 width<=12.3 的值，若其结果为逻辑真，计算 height++<=8.9 的值，并将 height++<=8.9 的值作为整个表达式的值；若 width<=12.3 的值为逻辑假，将 width<=12.3 的值作为整个表达式的值，并结束运算。

（2）在 || 逻辑表达式中，首先计算第一个操作数的值，若其值为假，计算第二个操作数的值，并将其值作为整个逻辑表达式的值；若第一个操作数的值为真，就将其值作为整个逻辑表达式的值，并结束整个表达式的计算。

例如：

```
price<300 || price>=500
```

先计算 price<300 的值，若其结果为逻辑假，计算 price>=500 的值，并将 price>=500 的值作为整个表达式的值；若 price<300 的值为逻辑真，将 price<300 的值作为整个表达式的值，并结束运算。

5. 逗号表达式

由逗号运算符和操作数组成的字符序列称为逗号表达式，其语法格式为：

, … , … ,

逗号表达式也称顺序求值表达式，按从左向右的顺序逐个求出表达式, … , … , 的值，并将最后一个表达式的值作为整个逗号表达式的值，最后一个表达式的数据类型作为整个逗号表达式的类型。

例如：

```
int p,w,x=8,y=10,z=12;
w=(x++,y,z+3)-5  //w 的值为 z+3-5=10
p=x+5,y+x,z // p 的值为 x+5=15，整个逗号表达式的值为 z 的值 12
```

如果最后一个表达式是一个左值，则该逗号表达式也为左值表达式。

```
(p=x+5,y+x,z)=2  //z 是左值，所以逗号表达式 p=x+5,y+x,z 也是左值，其值被修改为 2
```

2.4.3 基本语句

C++提供了表达式语句、复合语句、选择语句和循环语句等。

1. 表达式语句、空语句和复合语句

（1）表达式语句。在 C++语言中，任何一个表达式加上分号（;）就构成了表达式语句。

例如：

```
3*8-9; //表达式语句
```

注意：分号（;）是 C++语句的组成部分。

（2）空语句。空语句仅由一个分号组成，不进行任何操作。一般用于语法上要求有一条

语句但实际没有任何操作的场合。

例如：

```
for(i=1;i<10;i++)
; //空语句，起延时作用
```

（3）复合语句。复合语句由一对花括号{}括起来的两条或两条以上的语句构成。复合语句在语法上相当于一条语句。

2. 选择语句

选择语句是根据不同的条件，做出不同的选择，执行不同的操作。

（1）条件语句。

格式：

if（<条件表达式>）
　<"真"语句>
else
　<"假"语句>

功能：测试条件表达式，当结果为“真”（非 0）时，执行“真”语句；否则，执行“假”语句。

本选择结构有两种变形：

1）没有 else 语句。

if(<条件表达式>)<语句>

2）else if 语句。

　if(<条件表达式 1>)<语句 1>
　else　if (<条件表达式 2>)<语句 2>
　else　if (<条件表达式 3>)<语句 3>
　　…
　else　if (<条件表达式 n>)<语句 n>
else　<语句 n+1>

（2）开关语句。

格式：

switch(<表达式>)
{
　case <常量表达式 1>:<语句序列 1>
　case <常量表达式 2>:<语句序列 2>
　　…
　case <常量表达式 n>:<语句序列 n>
　default:<语句序列 n+1>
}

功能：计算表达式的值，然后在 case 语句中寻找值相等的常量表达式，并以此作为入口标号开始顺序执行。如果没有找到相等的常量表达式，则从 default 开始执行。

注意：（1）switch 结构中的表达式可以是整型、字符型或枚举型。

（2）每个 case 语句只是一个入口标号，应在其后加 break 语句结束整个 switch 结构，否则会从入口点开始一直执行下去。

3. 循环语句

循环语句是当条件成立时，重复执行循环体。

（1）while 语句。

格式：while(<条件表达式>)

```
{
    <语句序列>
}
```

功能：只要条件表达式的值为真，重复执行循环体的语句序列。

（2）do-while 语句。

格式：do

```
{
    <语句序列>
} while(<条件表达式>)
```

功能：先执行一次循环体，再计算条件表达式的值。只要条件表达式的值为真，重复执行循环体的语句序列。

while 语句和 do-while 语句的区别在于：while 语句先判断，后执行；do-while 语句先执行，后判断。如果条件表达式的值一开始就为假时，二者的结果不同。

（3）for 语句。

格式：for(<表达式 1>;<表达式 2>;<表达式 3>)

```
{
    <语句序列>
}
```

功能：

1）先计算表达式 1 的值。

2）计算表达式 2。

3）如果表达式 2 为真，进入循环体的语句序列，计算表达式 3；否则转 5）。

4）转回 2）继续执行。

5）退出循环体。

4. 转向语句

转向语句包括 goto 语句、break 语句和 continue 语句。

（1）goto 语句。

格式：goto <语句标号>;

语句标号是一个 C++的标识符，命名规则与变量的命名规则相同，由字母、数字和下划线组成，而且第一个字符必须为字母或下划线。语句标号放在语句的左边，以“:”结束。

功能：无条件地使程序流程转向语句标号所指向的语句位置处执行。

特别指出：由于 goto 语句可使语句执行顺序任意改变，降低了程序的可理解性。因此在程序中应尽量少用 goto 语句。如果确实需要使用，也应限制在一个模块（函数）内。goto 语

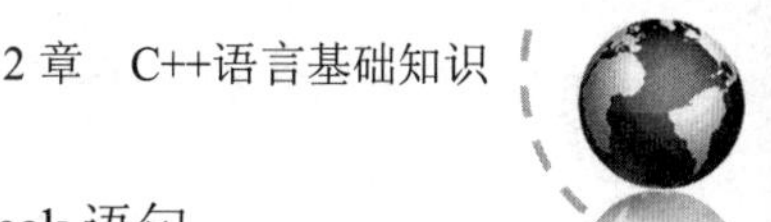

句较多用于从多重循环深处直接跳转到循环之外，以避免多次使用 break 语句。

（2）break 语句。

格式：break;

功能：在 switch 结构中用于退出该结构；在循环体中用于退出本层循环

（3）continue 语句。

格式：continue;

功能：在循环中用于结束本次循环。

2.5　函数

2.5.1　函数的分类

C++中的函数分为标准库函数和用户自定义函数。标准库函数由 C++系统提供，可以直接使用，但需要在程序中包含相应的头文件；用户自定义函数是由用户自己根据需要编写的。

表 2-6 给出了标准库函数中每个函数的名称、原型、对应的数学表示及功能。

表 2-6　常用数学函数

函数名称	原型	数学表示	功能
整数绝对值函数	double abs(int i)	$\|i\|$	返回参数 i 的绝对值
实数绝对值函数	double fabs(double x)	$\|x\|$	返回实数 x 的绝对值
正弦函数	double sin(double x)	$\sin x$ (x 为弧度)	返回弧度为 x 的正弦值
余弦函数	double cos(double x)	$\cos x$ (x 为弧度)	返回弧度为 x 的余弦值
正切函数	double tan(double x)	$\mathrm{tg}x$ (x 为弧度)	返回弧度为 x 的正切值
平方根函数	double sqrt(double x)	$\sqrt{x}$　x>0	返回 x 的算术平方根
指数函数	double exp(double x)	e^x (e=2.718282)	返回 e^x 的值
幂函数	double pow(double x,double y)	x^y	返回 x^y 的值
自然对数函数	double log(double x)	$\ln x$ (x>0)	返回以 e 为底 x 的对数
对数函数	double log10(double x)	$\log_{10}x$ (x>0)	返回以 10 为底 x 的对数
向上取整函数	double ceil(double x)	$\lceil x \rceil$	返回不小于 x 的最小整数
向下取整函数	double floor(double x)	$\lfloor x \rfloor$	返回不大于 x 的最大整数
随机函数	int rand(void)		返回 0~32767 之间的整数
改变随机数序列	void srand(unsigned s)		生成与 s 对应的随机数序列
终止程序运行	void exit(int status)		通常参数为 0 表示正常结束，非 0 表示不正常结束

在程序中任何位置调用一个系统函数或用户函数时，其调用格式应与它的函数原型相一致，即：

<函数名>(<实参表达式表>)

其中所使用的圆括号为函数调用运算符，<实参表达式表>为 0 个（即没有）、一个或多个用逗号分隔的实参表达式，实参表达式的个数与函数原型中参数表所含的参数的个数相

同。如调用abs函数时，实参表达式表中应当有并且只有一个参数（暂不考虑缺省参数的情况）；调用pow函数时，实参表达式表中应该包含两个表达式；调用rand函数时，实参表达式表应为空。

一个函数调用可以单独作为一个表达式，也可以作为表达式中的一个数据项存在，就如同在表达式中使用一个常量或一个变量的情况一样。如：

```
（1）exit(1);                    //作为单独表达式使用
（2）k=abs(n1);                  //作为赋值号右边的表达式
（3）cout<<sqrt(x)+1<<endl;      //作为输出数据项中的一个数据
（4）y=3*exp(x/2-1)+a;           //作为表达式中的一个数据
（5）return pow(3,4);            //作为返回数据
```

由于一个函数调用也是一个表达式，而有的函数是void类型的，调用它不返回任何值，所以这样的表达式是无值的，除此之外，表达式都是有值的。如函数调用表达式exit(1)和srand(10)都是无值表达式。无值表达式并不是无用的，通过函数调用虽然不返回值，但能够实现一定的操作功能。

一个函数调用中的每个实参表达式可以是任何形式的表达式，如可以是一个常量、一个变量、一个函数调用或者一个带运算的一般表达式。如：

```
（1）abs(-24)                    //实参是一个常数
（2）abs(x)                      //实参是一个变量
（3）abs(3*x+4)                  //实参是一个带运算的一般表达式
（4）sqrt(fabs(y))               //sqrt函数调用的实参是一个函数调用
（5）pow(x+1,5)                  //一个为一般表达式，另一个为常数
（6）sin(x*3.14159/180)          //实参为一般表达式
（7）log(fabs(n1)+7*sqrt(n2)-1)  //实参为带函数调用的表达式
```


当程序运行中执行到一个函数调用时，首先依次计算出实参表中每个表达式的值，接着把每个值对应传送给函数定义参数表中的每个参数变量中，此时若实参值与参量的类型不同，则该值被自动转换成参数变量的类型后再传送，然后转去执行函数定义的定义体，当执行到定义体中的return语句后就结束该函数的调用过程，返回该语句中表达式（若存在的话）的值，或者当执行到定义体最后的右花括号时，也同样结束调用过程，但不会返回任何值。一个函数被调用后通常得到一个值，然后再利用这个值进行其他运算。

2.5.2 函数的定义

函数是语句序列的封装体。C++中每一个函数的定义都是由4部分组成：类型说明符、函数名、参数表和函数体。格式为：

```
<类型说明符> <函数名> (<参数表>)
{
    <函数体>
}
```

类型说明符指出函数的类型，即函数返回值的类型。没有返回值时，其类型说明符为void。参数表由零个、一个或多个参数组成。如果没有参数称为无参函数，反之称为有参函数。在定

义函数时，参数表内给出的参数需要指出其类型和参数名。函数体由说明语句和执行语句组成，实现函数的功能。C++中函数体内的说明语句可以根据需要随时定义，不像 C 语言一样要求放在函数体开头。C++不允许在一个函数体内再定义另一个函数，即不允许函数的嵌套定义。

2.5.3　函数的声明

函数的声明和函数的定义不同。函数的定义由语句来描述函数的功能；函数的声明是在调用该函数前，说明函数类型和参数类型。

1. 函数原型

函数原型是由函数定义中抽取出来的能代表函数应用特征的部分，包括函数类型、函数名、参数个数及类型。其格式为：

<类型说明符> <函数名>(<参数表>)

参数表中不必包含参数的名称，可以只包含参数的类型。函数原型中的参数名对编译器没有意义，但也可以写出参数名，这时参数名相当于注释。

2. 函数声明

C++要求函数在被调用之前，应当让编译器知道该函数的原型，以便编译器利用函数原型提供的信息去检查调用的合法性，将参数强制转换成为适当类型，保证参数的正确传递。对于标准库函数，其声明在头文件中，可以用#include 宏命令包含这些原型文件；对于用户自定义函数，先定义、后调用的函数可以不用声明，但后定义、先调用的函数必须声明。一般为增加程序的可理解性，常将主函数放在程序开头，这样需要在主函数前对其所调用的函数一一进行声明，以消除函数所在位置的影响。

2.5.4　函数的调用

在 C++中，函数调用可采用传值调用和引用调用两种方式实现。函数的调用是通过栈空间进行的，存放不同函数的栈空间是相互独立的。其过程为：将调用函数中的现场和返回地址（调用语句的下一语句的地址）压入栈空间，向被调函数传递参数，为被调函数中的参数分配存储空间，将控制权交给被调函数，进入被调函数执行被调函数中的语句序列，最后从栈空间中弹出主调函数的现场和返回地址，返回主调函数，将控制权交给主调函数。函数调用通过形参和实参、返回值或其它方式进行数据传递。

函数调用的格式为：

<函数名>(<参数表>)

1. 形参和实参

参数表是由零个、一个或多个参数组成。每个参数是一个表达式，用逗号分隔。对于有参函数，在主调函数和被调函数之间有数据传递关系。定义函数时函数名后面括号内的表达式称为形式参数（简称“形参”），被调函数名后面括号中的表达式称为实际参数（简称“实参”）。实参和形参应个数相等、类型一致。实参和形参按顺序对应传递数据。

2. 函数的返回值

主调函数通过函数的调用得到一个确定的值，称为函数的返回值。返回值是通过被调函数中的 return 语句获得的。格式为：

return <表达式>

return 是一条转向语句，它的作用是将被调函数内程序的执行顺序返回给主调函数内的调用语句，然后去执行主调函数的下一语句。在有返回值时，需将返回值传递给调用函数。如果函数无返回值时，可以使用仅有关键字 return 的语句，获得返回程序的控制权；也可不写 return 语句，因为函数体定界符的右花括号具有 return 功能。

对于 main()函数，如果函数头为 void main()，则不返回任何值给操作系统，所以 main()的函数体最后，不需要 return 语句；如果函数头为 int main()或 main()，则在函数体的最后必须给出 return 1 或 return 0 语句。对操作系统而言，return 1 或 return 0 都没有意义，因此常采用 void main()的定义格式。

3. 传值调用和引用调用

（1）传值调用又分为数据传值调用和地址传值调用。数据传值调用方式是将实参的数据值传递给形参。实参和形参在栈空间内的地址不相同，改变形参值不影响实参值；地址传值调用方式是将实参的地址值传递给形参，实参和形参在栈空间内共用同一地址，改变形参值就可改变实参值。

（2）引用调用是将实参变量值传递给形参，而形参是实参变量的引用名。引用是给一个已有变量起的别名，对引用的操作就是对该已有变量的操作。引用调用可以起到地址传值调用的作用，即改变形参值就可改变实参值。引用调用比地址传值调用更为简单，在 C++较多地使用引用调用代替地址传值调用。

2.5.5 内联函数

在函数说明前冠以关键字 inline，该函数就被声明为内联函数。当程序中出现对该函数的调用时 C++编译器就会将函数体中的代码直接插入到调用函数的地方，以便在程序运行时不再进行函数调用。我们知道，在程序执行的过程中调用函数时，系统需要将程序当前的一些状态信息存到栈中，同时转到函数代码处去执行函数体语句，这时参数的保存和传递就会有一定的时间和空间的开销，使程序的运行效率降低，尤其当程序频繁地调用函数时，这个问题就更严重。引入内联函数就是为了消除函数调用时系统的开销，以提高运行速度。

【例 2.7】内联函数的使用。

```
#include<iostream>
using namespace std;
inline int count(int aa)//设置为内联函数
{
    int bb;
    bb=2*aa*2+4*aa+5;
    return bb;
}
void main()
{
    int a,b;
    cout<<"请输入一个数:\n";
    cin>>a;
    b=count(a);
    cout<<"2*X*2+4*X+5 的值为："<<b<<endl;
}
```

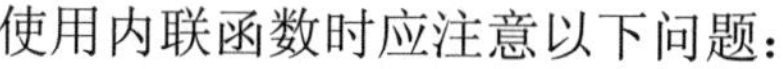

使用内联函数时应注意以下问题：

（1）在一个文件中定义的内联函数不能在另一个文件中使用。它们通常放在头文件中共享。

（2）内联函数应该简洁，只有几个语句，如果语句较多，不适合定义为内联函数。

（3）内联函数体中，不能有循环语句、if 语句或 switch 语句，否则，函数定义时即使有 inline 关键字，编译器也会把该函数作为非内联函数处理。

（4）内联函数要在函数被调用之前声明。如果将内联函数放在函数调用之后声明，就不能起到预期的效果。

2.5.6　函数的重载

在 C 语言中，函数名必须是唯一的，不允许出现同名的函数，例如，要求编写求整数、浮点数和双精度数的平方的函数，就需要编写 3 个函数，并且这 3 个函数不允许同名。

```
Volume1(int i);
Volume2(float f);
Volume3(double d);
```

当使用这些函数求某个数的平方时，用户必须分别记住这 3 个函数适用的类型，虽然这 3 个函数的功能是相同的。

但在 C++中，用户可以重载函数。只要函数的参数类型或参数个数不同，又或两者兼而有之，那么这些函数（两个或两个以上）可以使用相同的函数名。当两个以上的函数共用一个函数名，但是形参的个数或类型不同，编译器就会根据实参与形参的类型及个数的匹配情况，选择调用适当的函数，这就是函数重载。被重载的函数叫做重载函数。

C++支持函数重载，因此上面三个函数可以用一个共同的函数 Volume，但它们的参数类型应不同。当用户需要调用这些函数时，只要在参数表中带入实参，编译器就会根据参数的类型来确定调用哪个函数。因此用户在求一个数的平方时，只需记住一个 Volume 函数，其他的则是系统的事。可以用下面的例子来理解重载函数。

【例 2.8】参数类型不同的重载函数。

```
#include<iostream>
using namespace std;
int volume(int i)
{return i*i;}  //返回 i*i 的值
float volume(float f)
{return f*f;}
double volume(double d)
{return d*d;}
void main()
{
    int x=3;
    float y=4.2;
    double z=5.31;
    cout<<"the volume of x is "<<volume(x)<<endl;
    cout<<"the volume of x is "<<volume(y)<<endl;
    cout<<"the volume of x is "<<volume(z)<<endl;
}
```

程序的运行结果如下：

```
the volume of x is 9
the volume of y is 17.64
the volume of z is 28.1963
```

在上面程序中，main 函数 3 次调用了 volume 函数，实际上是调用 3 个不同的重载版本。由系统根据传送的参数类型自行确定调用哪个版本。

【例 2.9】参数个数不同的重载函数。

```
#include<iostream>
using namespace std;
int fun(int x,int y)//请注意该函数有两个参数
{
    cout<<x<<"  "<<y<<endl;
    return 0;
}
int fun(int x,int y,int z)//该函数有三个参数
{
    cout<<x<<"  "<<y<<"  "<<z<<endl;
    return 0;
}
void main()
{
    int a=1,b=2,c=3;
    fun(a,b);
    fun(a,b,c);
}
```


程序的运行结果如下：

```
1 2
1 2  2
```

上例中函数 fun 被重载，这两个重载函数的参数个数是不同的。编译器根据传送的参数个数决定调用哪个函数。

定义重载的函数时，应该注意以下问题：

（1）避免函数名字相同，但功能完全不同的情形。例如上面的重载函数 fun 的功能就是相关的，它们均是向屏幕打印信息。

（2）函数的形参变量名不同不能作为函数重载的依据。

（3）C++中函数重载不允许几个函数名相同，形参个数和类型也相同，仅仅是返回值不同的情形，否则，程序编译时会出现函数重复定义的错误。

（4）调用重载的函数时，如果实参类型与形参类型不匹配，编译器会自动进行类型转换。如果转换后仍然不能匹配到重载的函数，则会产生一个编译错误。

2.6 作用域和引用

2.6.1 作用域标识符

通常情况下，如果有两个同名变量，一个是全局的，而另一个是局部的，那么局部变量

在其作用域内具有较高的优先权。下面的例子说明了这一点。

【例 2.10】局部变量具有较高的优先权。

```
#include<iostream>
using namespace std;
int i=5;//定义全局变量
int main()
{
    int i;//定义局部变量
    i=20;
    cout<<"i="<<i<<endl;
    return 0;
}
```

程序执行的结果是：

```
i=20
```

如果希望在局部变量的作用域内使用同名的全局变量，可以在该局部变量的前面加上作用域标识符“::”。请看下面的例子。

【例 2.11】使用作用域标识符。

```
#include<iostream>
using namespace std;
int i=20;
int main()
{
    int i=5;
    cout<<i<<endl;
    cout<<::i<<endl;//用“::”对被隐藏的全局变量进行访问
    return 0;
}
```

程序的运行结果是：

```
5
20
```

从上例中可以看出，作用域标识符可用来解决局部变量与全局变量的同名问题，可以在局部变量的作用域内，用“::”对被隐藏的全局变量进行访问。

2.6.2　引用

1. 引用的概念

引用也就是为对象建立一个别名，声明引用的格式如下：

数据类型 &引用名=已定义的变量名;

C++是通过引用运算符&来声明一个引用的。请看下面的例子。

【例 2.12】引用的使用。

```
#include<iostream>
using namespace std;
int neg(int &i);
void main()
```

```
{
    int x;
    x=10;
    cout<<x<<" negated in "<<neg(x)<<endl;
}
int neg(int &i)
{
    return -i;
}
```

程序的执行结果如下：

```
10 negated in -10
```

使用引用要注意以下问题：

（1）初始化后，程序不能改变引用的值。

（2）不能创建指向引用的指针。

（3）不能比较两个引用的值，可比较被引用变量的值。

（4）不能使引用的值加、减和改变，但对被引用变量的值可以。

（5）不能对 void 进行引用。

（6）不能建立引用数组。

（7）没有引用的引用。

（8）有空指针，无空引用。

2. 引用作函数参数

引用最重要的用途就是作函数的参数。我们知道，函数的参数传递有值传递和引用传递两种方式。用引用作为函数，是引用传递方式。为了比较值传递和引用传递的区别，我们以交换两个变量值的函数作为例子。

（1）void Swap1 (int x, int y) //值传递

```
{
   int temp = x;
   x = y;
   y = temp;
}
```

（2）void Swap2 (int *x, int *y) //引用传递（指针）

```
{
   int temp = *x;
   *x = *y;
   *y = temp;
}
```

（3）void Swap3 (int &x, int &y) //引用传递

```
{
   int temp = x;
   x = y;
   y = temp;
}
```

在上面的三个函数中，虽然 Swap1 交换了 x 和 y，但并不影响传入该函数的实参，因为实

参传给形参时被复制，实参和形参分别占用不同的存储单元。Swap2 使用指针作为参数克服了 Swap1 的问题，当实参传给形参时，指针本身被复制，而函数中交换的是指针指向的内容。当 Swap2 返回后，两个实参可以达到交换的目的。Swap3 通过使用引用参数克服了 Swap1 的问题，形参是对应实参的别名，当形参交换以后，实参也就交换了。

下面的程序说明了调用以上三个函数时的区别。

【例 2.13】将引用作为函数的参数的例子。

```
#include<iostream>
using namespace std;
void Swap1 (int x, int y) //值传递
{
    int temp = x;
    x = y;
    y = temp;
}
void Swap2 (int *x, int *y) //引用传递（指针）
{
    int temp = *x;
    *x = *y;
    *y = temp;
}
void Swap3 (int &x, int &y) //引用传递
{
    int temp = x;
    x = y;
    y = temp;
}
void main ()
{
    int i = 10, j = 20;
    Swap1(i, j);
    cout << i << ", " << j << '\n';
    Swap2(&i, &j);
    cout << i << ", " << j << '\n';
    Swap3(i, j);
    cout << i << ", " << j << '\n';
}
```

程序运行结果如下：

```
10, 20
20, 10
20, 10
```

我们看到函数 Swap3 与 Swap2 的效果一样，都达到了交换的目的，但 Swap3 更直观，调用它的方法与调用 Swap1 的方法是一样的。但是，引用作为函数参数，调用时可能会出现歧义，例如：

```
void fn(int s)
```

```
{
  …
}
void fn(int& t)
{
  …
}
void main()
{
   int a=5;
   fn(a); //匹配哪一个函数?
}
```

当以引用方式传递函数参数时，常使用 const 关键字。例如：

```
void f1(const int i) {
   i++; // 非法，编译错误
}
```

这可以避免在函数中修改了不该修改的参数，有助于提高程序的可靠性。

建立引用参数后，该参数自动隐式指向函数的实参。对于函数参数来说，引用所指向的变量就是函数的实参，理解这一点是很重要的。

2.7 程序举例

【实例 1】编写一个程序，根据输入的三角形的三条边判断是否能组成三角形，如果可以则输出它的面积和三角形类型。

分析：本程序应采用条件结构语句。首先判断三角形的任意两边是否大于第三边，是则求出相应的三角形的面积，然后利用嵌套的选择结构语句进一步判断三角形的类型。程序如下：

```
#include<iostream>
#include<math.h>
using namespace std;
void main()
{ float a, b, c, s, area;
  cin>>a>>b>>c;
  if(a+b>c && b+c>a && a+c>b)
  { s=(a+b+c)/2;
    area=sqrt(s*(s*(s-a)*(s-b)*(s-c)));
    cout<<area;
    if(a==b && b==c)
      cout<<"等边三角形";
    else if(a==b || a==b ||b==c)
      cout<<"等腰三角形";
    else if((a*a +b*b==c*c)||(a*a + c*c== b*b)||(b*b+ c*c== a*a))
      cout<<"直角三角形";
    else cout<<"一般三角形";
  }
```

```
  else cout<<"不能组成三角形";
}
```

【**实例 2**】有一个分数序列：

2/1，3/2，5/3，8/5，13/8，21/13，…

试编写程序求出该分数序列的前 13 项之和。

分析：采用循环结构来实现累加，循环变量表示当前的数列项数，在循环体内计算数列的第 i 项的值，以及前 i 项的累加值。数列的规律为：从第 2 项开始，每一项的分母是前一项的分子，分子是前一项的分子和分母之和。程序如下：

（1）用 for 语句实现。

```
#include<iostream>
using namespace std;
void main()
{   float a,b,t,sum;
    int i;
    for(i=1;i<=13;i++)
    {   a=a+b;
        b=a-b;
        t=a/b;
        sum+=t;
    }
    cout<<"sum="<<sum<<endl;
}
```

（2）用 while 语句实现。

```
#include<iostream>
using namespace std;
void main()
{float a,b,t,sum;   int i;
a=2;b=1;i=2;t=a/b;sum=t;
while(i<=13)
{ a=a+b;   b=a-b;
  t=a/b;   sum+=t;
  i++;
}
cout<<"sum="<<sum<<endl;
}
```

（3）用 do-while 语句实现。

```
#include<iostream>
using namespace std;
void main()
{ float a,b,t,sum;  int i=1;
a=b =1;sum=0;
do
{ a=a+b;  b=a-b;
  t=a/b;  sum+=t;
}while(++i<=13);
```

```
cout<<"sum="<<sum<<endl;
}
```

【实例 3】利用冒泡排序方法，对数据进行排序。

分析：冒泡排序的基本思想（由小到大的顺序排列）：使比较小的数据像气泡一样上浮到数组的顶部，而比较大的数据下沉到数组的底部。假设有 n 个数据，要排序 n-1 轮。

以｛15，8，0，-6，2，39｝6 个数为例，在图 2-13 中给出这 6 个数据的冒泡排序过程。

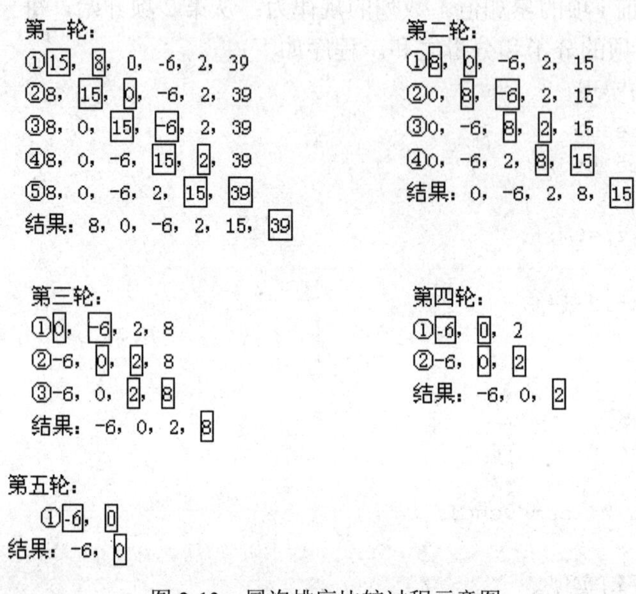

图 2-13　冒泡排序比较过程示意图

冒泡排序的最后结果为：{-6，0，2，8，15，39}。

冒泡排序的程序代码如下：

```
#include <iostream>
using namespace std;
void main()
    {int a[10]={15,8,0,-6,2,39,-53,12,10,6 };
     int i,j,temp;
     for(i=0;i<9;i++)            //冒泡排序的总轮次
      for(j=0;j<10-i;j++)        //每轮比较的次数
          if(a[j]>a[j+1])
               {temp=a[j];
               a[j]=a[j+1];
                a[j+1]=temp;
               }                 //较大的数后移
     for(i=0;i<10;i++)
      cout<<a[i]<<' ';           //输出排序后的数据
         cout<<endl;

}
```

【实例 4】在有序数列｛-56，-23，0，8，10，12，26，38，65，98｝中查找数据 38 是否存在。

分析：查找的方法很多，这里介绍一种比较快速的查找方法：二分查找法。

二分查找法的思想：二分查找也称为折半查找。其方法是将有序数列逐次折半，并确定折半的数据位置，用待查找的数据与其比较，若相等就查找成功。否则比较两数的大小，如果待查找的数据比折半位置的数据小，那么到前半区间继续查找，否则到后半区间继续查找。其具体做法是：

（1）将有序数列存放在数组 s[]中。

（2）设置 3 个标记，low 指向待查区间的底部，high 指向待查区间的顶部，binary 指向折半的位置，即待查区间的中部（binary=(low+high)/2）。

（3）比较待查数据 x 与 s[binary]是否相等，若 x=s[binary]，则说明查找成功并结束查找；若 x<s[binary]，说明 x 在[low,binary];（前半区间）范围内，故使 high=binary-1；若 x>s[binary]，说明 x 在[binary, high]（后半区间）范围内，故使 low=binary+1；

（4）在新的区间[low, high]上重复（2）、（3）步骤，将待查区间继续缩小。

（5）如果出现 low>high，则说明查找失败（没有查找到），结束查找。

利用二分查找法写出本题的程序代码如下：

```
#include <iostream>
using namespace std;
void main()
   {int s[10]={-56,-23,0,8,10,12,26,38,65,98 };
    int low,high,binary,x;
    cout<<"input x=";
    cin>>x;                   //输入待查找数据
    low=0;high=9;             //标识查找区间
    binary=(low+high)/2;      //确定折半位置
    while(x!=s[binary] && low<=high )
    { if(x<s[binary])
        high=binary-1;        //在前半区间查找
      else
        low=binary+1;         //在后半区间查找
      binary=(low+high)/2;
    }
    if(low<=high)
      cout<<"find success!"<<endl;
    else
      cout<<"find fail!"<<endl;
   }
```

本章小结

本章主要介绍 C++的基础知识、C++语言的产生和发展、C++程序的结构及编程环境、C++的数据类型、函数和作用域。

在日常使用中，数据主要分为数值和文字（即非数值）两大类，数值又细分为整数和小数两类。常量是指在程序执行中不变的量，常量可以具体分为整型常量、字符常量、逻辑常量、枚举常量、实型常量、地址常量和字符串常量等。变量是其值可以被改变的量。每一个变量都属于一种数据类型，用来表示（即存储）该类型中的一个值。在程序中只有存在了一种数据类型后，才能够利用它定义出该类型的变量。C++运算符又称操作符，它是对数据进行运算的符号，参与运算的数据称为操作数或运算对象，由操作数和操作符连接而成的有效的式子称为表达式。每一种运算符都具有一定的优先级，用来决定它在表达式中的运算次序。在程序中任何位置调用一个系统函数或用户函数时，其调用格式应与它的函数原型相一致，即为：

<函数名>(<实参表达式表>)

本章是C++的基础，特别是对于没有学习过C语言的同学，一定要认真学习和体会。

一、填空题

1. C++的面向________和________双重特性是区别于其它面向对象语言的一个显著标志。

2．整型常量简称整数，它有________、________和________三种表示。

3．常量可以具体分为整型常量、字符常量、________、枚举常量、________和地址常量。

4．逗号运算符是一种________运算符，对于分别用逗号分开的若干个表达式，每个逗号都称为逗号运算符，合起来称为逗号表达式。

5．在C语言中，两个函数的名称不能相同，否则会导致编译错误。而在C++中，函数名相同而参数数据类型不同的两个函数被解释为________。

二、选择题

1．下面正确的为（　）。

A．4.1/2　　B．3.2%3

C．3/2==1 结果为1　　D．7/2 结果为3.5

2．已知i=5，j=0，下列各式中运算结果为j=6的表达式是（　）。

A．j=i+(++j)　　B．j=j+i++　　C．j=++i+j　　D．j=j+++i

3．已知x=43，ch='A'，y=0；则表达式（x>=y&&ch<'B'&&!y）的值是（　）。

A．0　　B．语法错　　C．1　　D．“假”

4．设所有变量均为整型，则表达式（e=2,f=5,e++,f++,e+f）的值为________。

5．已知字母a的ASCII码为十进制数97，且设ch为字符型变量，则表达式ch='a'+'8'-'4'的值为________。

三、程序设计题

1．所需设计程序的功能是输出10～100之间每位数的乘积大于每位数的和的数，例如对于数字12，有1*2<1+2，故不输出该数；对于27，有2*7>2+7，故输出该数。

2．编写一个程序，从键盘输入半径和高，输出圆柱体的底面积和体积。

第 3 章　类和对象

C++语言是当今应用最广泛的程序设计语言，它与 C 语言兼容，既支持面向对象的程序设计，又支持面向过程的程序设计方法。C 语言中编写的程序是由一个个函数组成的，是结构化的程序；而 C++除了兼容结构化程序设计之外，还可以编写面向对象的程序。在第 1 章中已经初步了解了类和对象的概念，从本章开始，将编写由类和对象组成的程序，也就是说，将要学习用 C++语言进行面向对象的程序设计。

类和对象是面向对象程序设计语言中最基础的内容。类是封装数据和函数的基本单元，是用户根据实际问题自己抽象的一种类型。对象是用类名作为一种数据类型定义的“变量”，称为类的实例。类和对象具有抽象性、隐蔽性和继承性。

本章要点

- 类与对象的概念和定义、类成员的访问权限
- 构造函数（包括复制构造函数）与析构函数的概念和用法
- this 指针的用法
- 类作用域的概念
- 静态数据成员和静态成员函数的概念和用法
- 友元的概念和用法

3.1　类的概念

从程序设计的观点来说，类就是数据类型，是用户定义的数据类型。这种类型的使用虽然与 C++内置的数据类型类似，但是也有很大的区别。例如，C++内置的浮点类型并不针对任何具体问题，仅仅与机器的存储单元相对应，而类是用户根据具体问题的需要而定义的，也就是说，类与具体问题相适应。可以通过定义所需要的类来扩展程序设计语言解决问题的能力。

在第 1 章的学习中，我们已经知道类是对现实世界中客观事物的抽象，并从属性和操作两个方面进行描述。类是将不同类型的数据和与这些数据相关的操作封装在一起的集合体。数据可以描述类的属性，用数据成员表示；操作可以描述类的服务，用成员函数表示。

3.1.1　类的引入

在 C 语言中学习使用过结构体，结构体是一种自定义的数据类型，它将有关联的不同类

型的数据元素组成一个单独的统一体。例如定义一个点(x,y)的结构体：

```
struct Point
{
   int x;
   int y;
};
```

在结构体 Point 中包含 2 个数据元素，即横坐标 x 和纵坐标 y。在结构体中可以对各数据元素进行各种操作。例如下面的例子。

【例 3.1】 坐标点的结构。

```
#include<iostream>
using namespace std;
struct Point
{
    int x;
    int y;
};
int main()
{
    Point point1;//定义了一个 point1 点
    point1.x=5;
    point1.y=10;
    cout<<"点 point1 的坐标为：("<<point1.x<<","<<point1.y<<")"<<endl;
    return 0;
}
```

程序运行结果是：

点 point1 的坐标为：(5,10)

在 C 语言中，建立了一个结构变量后，就可以在结构体外直接对其数据变量进行修改，原因是结构体的成员在默认情况下为公有的。而有些时候我们并不允许对数据进行改动。但在 C 结构体中，数据与对数据的操作是分离的，它没有把相关的数据与操作构成一个整体进行封装，正是由于这种原因，造成了 C 结构体中数据的不安全性，C 结构体中无法对数据进行保护和权限控制。因此使得程序的复杂性加大，对数据的维护和处理都需要很大的精力，严重影响了软件的生产效率。

C++引入了类，它克服了 C 结构体的缺点，使数据和其相关联的函数封装在一起，构成一个统一的整体，很好地实现了数据保护和权限控制。

3.1.2 类的定义

类的构成一般分为说明部分和实现部分。说明部分放在类体内，用来说明该类中的数据成员和成员函数的类型和名称，是类的外部接口。实现部分常放在类体外，用以给出说明部分中声明的成员函数的定义，是类的内部实现。

类定义的说明部分的一般格式如下：

class 类名{

private:

私有数据成员和成员函数
Protected:
保护数据成员和成员函数
Public:
公有数据成员和成员函数
};

其中，class 关键字表明进行一个类的定义，class 之后是类的名称，一般首字符要大写，以区别于对象名。类体被一对花括号“{ }”括起，同结构体一样，最后以分号结束。在类内只对成员函数进行原型说明，函数体的定义常写在类外。例如定义一个日期类如下：

```
class student
{
   private:
      char name;
      int number;
      char grade ;
   public:
      void setStudent(int na,int nu,int gr);
      void showStudent();
};
```

在声明的类 student 中，封装了有关数据和对这些数据的操作，分别称为类 student 的数据成员和成员函数。在类 student 中，因为数据成员和成员函数有着不同的访问权限，所以分别属于 private 和 public 两个不同部分。

类具有对数据的隐蔽性，在类体部分，有关键字 private、protected 和 public 三个访问权限控制符，每个关键字下面都可以有数据成员和成员函数。数据成员和成员函数统称为类的成员。

private 表示类的私有成员，包括私有数据成员和私有成员函数。私有成员只有类自己的成员函数或友元函数可以访问，在类的外部访问都是不允许的，如果类外的函数要访问私有成员，必须通过类的公有成员函数来访问。私有成员隐蔽在类中，在类的外部无法访问，实现了访问权限的有效控制。

protected 表示类的保护成员，包括保护数据成员和保护成员函数。保护成员除了类自己的成员函数、友元函数可以访问外，派生类的成员也可以访问，即它是半隐蔽的。

public 表示类的公有成员，包括公有数据成员和公有成员函数，说明其内容可以被自由访问。既可以被该类的其他成员函数访问，又可以被类外的其他函数访问，即它是完全开放的。

关于类的定义，应该注意以下问题：

（1）在一个类中，声明类的三个部分并不一定全部出现，但至少要有其中的一部分。一般情况下，为了数据得到有效的保护，将类的数据成员声明为私有成员，成员函数声明为公有成员。

（2）类的声明中 private、protected 和 public 可以按任意顺序出现，如果私有部分处于类体的第一部分时，关键字 private 可以省略，否则不能省略。如果在类体中没有一个访问权限关键字，则类的成员默认为私有的。而关键字 public 和 protected 无论出现在何处都不可以省略。

（3）数据成员可以是任何数据类型，但不能用自动（auto）、寄存器（register）或是外部（extern）进行说明。

（4）由于不同的类中的成员的作用域不同，所以不同的类中的成员可以同名。

（5）不能在类的声明中给数据成员赋初值。只有在类的对象定义之后才可以对数据成员赋初值。

例如：

```
class Date
{
    private:
      int year=2006;  //错误
      int month=10;  //错误
      int day=23;    //错误
    public:
      void setDate(int y,int m,int d);
      void showDate();
}
```

3.1.3 类的成员函数

成员函数的一般格式如下：

```
返回类型 [类名::]成员函数名（参数表）
{
    …//函数体
}
```


其中，可选项[类名::]的有无与下列两种方式有关。

（1）在类声明中只给出成员函数的原型，而其定义在类的外部，这时在类外定义的成员函数一定要加上[类名::]选项。

例如：点类 Point 的声明。

```
class Point{
private:
    int x,y;
public:
    void setPoint (int,int);
    int getx();
    int gety();
};
void Point::setPoint(int a,int b)
{x=a;y=b;}
int Point::getx()
{return x;}
int Point::gety()
{return y;}
```

在这个类中，setPoint()、getx()和 gety()函数的声明在类内，而它们的定义则在类的外部。它们都属于类 Point 的成员函数，因此可以直接访问类中的数据成员 x 和 y。

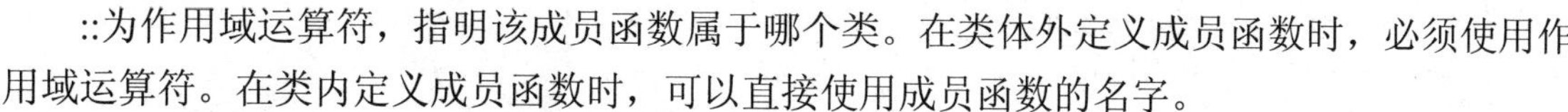

::为作用域运算符，指明该成员函数属于哪个类。在类体外定义成员函数时，必须使用作用域运算符。在类内定义成员函数时，可以直接使用成员函数的名字。

关于在类外定义的成员函数，要注意如下问题：

1）在类外定义成员函数时，调用成员函数时必须在函数名前加类名::。

2）成员函数如果有参数，则其参数说明必须是完整的。

3）成员函数的返回类型应与函数原型声明相同。

将类定义和其成员函数定义分开，是目前开发程序的通用做法。但对于某些简单的函数成员，有时常将说明部分和实现部分合并在类体内，即成员函数定义为内联函数。若要使定义在类外的成员函数也成为内联的成员函数，可以在该函数的类型说明符之前使用关键字 inline。

（2）将成员函数定义为内联函数的形式，可有以下两种方式实现：

1）隐式定义。直接将函数定义在类的内部，[类名::]选项可以省略。例如：

```
class Point{
private:
    int x,y;
public:
    void setPoint (int a,int b)
    {x=a;y=b;}
    int getx()
    {return x;}
    int gety()
    {return y;}
};
```

这样，函数 setPoint ()、getx()和 gety()就被定义为隐含的内联函数。

2）显示定义。在类中只给出成员函数的原型，其定义在类的外部，但如果想让其起到内联函数的作用，可以在成员函数返回类型前加上关键字 inline，可选项[类名::]不能省略。一般形式为：

```
inline 返回类型 类名::成员函数名(参数表)
{
...//函数体
}
```

例如：

```
class Point{
private:
    int x,y;
public:
    void setPoint (int,int);
    int getx();
    int gety();
};
inline void Point::setPoint(int a,int b)
{x=a;y=b;}
```

```
inline int Point::getx()
{return x;}
inline int Point::gety()
{return y;}
```

在使用 inline 说明内联函数时，必须使函数体和 inline 说明在一起，如果只有函数原型无函数体，则只把它视为普通的函数处理。一般情况下，只有较短的成员函数才定义为内联函数，对于较长的成员函数最好作为普通的函数处理。

类中的数据成员的类型可以是任意的，包括整型、浮点型、数组、指针、引用和别的已定义类，但类定义不允许对数据成员进行初始化。

3.2 对象

在面向对象程序设计中，类是具有相同的数据和相同操作的一组对象的集合。对象是描述其属性的数据以及对这些数据施加的一组操作封装在一起构成的统一体。对象是类的一个具体实现，称为实例，任何一个对象都属于某个已知的类。因此在定义对象之前必须先定义类。定义一个类后，便可以如同声明简单变量一样创建对象。

3.2.1 对象的定义

C++中，可以用以下两种方式定义：

（1）在声明类时，直接在类体右“}”后定义属于该类的对象名。例如：

```
class Point{
private:
int x,y;
public:
void setPoint (int,int);
int getx();
int gety();
}obj1,obj2;
```

在声明类 Point 的同时直接定义了两个对象 obj1 和 obj2。注意，这时的对象属于全局对象。

（2）声明类之后，在使用时再定义对象，一般格式如下：

```
class Point
{
  …//类体
};
  …//…
void main()
{
 Point obj1,obj2;
  …//…
}
```

在主函数中为类 Point 定义了两个对象 obj1 和 obj2。

关于对象的定义应该注意以下问题：

（1）在定义类的同时定义的对象是全局对象，在使用时定义的对象为局部对象。

（2）一个类被定义后，并不占内存空间；只有当类被实例化生成对象后，对象才占有内存空间。

3.2.2　对象成员的访问

对象成员就是该类所定义的成员，分为数据成员和函数成员。其表示方法分为通过对象访问成员和通过类指针访问成员两种形式。

（1）通过对象访问成员使用运算符“.”来实现，一般格式为：

对象名.数据成员

或

对象名.函数成员名(参数表)

（2）通过类指针访问成员使用运算符“->”来实现，一般格式为：

对象指针名->数据成员

或

对象指针名->函数成员名(参数表)

下面定义了 Point 类的两个对象 obja 和 objb，对象指针*objc 和*objd，实现对对象成员的访问。

【例 3.2】通过对象和对象指针访问对象的成员。

```
#include<iostream>
using namespace std;
class Point{
private:
    int x,y;
public:
    void setPoint (int a,int b)
    {x=a;y=b;}
    int getx()
    {return x;}
    int gety()
    {return y;}
};
void main()
{
    Point obja,objb;
    int i,j,m,n;
    obja.setPoint(1,2);          //调用 obja 的 setPoint()，初始化 obja
    objb.setPoint(3,4);          //调用 objb 的 setPoint()，初始化 objb
    i=obja.getx();           //调用 obja 的 getx()，取 obja 的 x 值
    j=obja.gety();           //调用 obja 的 gety()，取 obja 的 y 值
    cout<<"obja  i="<<i<<"  obja  j="<<j<<endl;
    i=objb.getx();           //调用 objb 的 getx()，取 objb 的 x 值
    j=objb.gety();           //调用 objb 的 gety()，取 objb 的 y 值
    cout<<"objb  i="<<i<<"  objb  j="<<j<<endl;
```

```
    Point *objc,*objd;
    objc=new Point();          //动态生成一个对象 objc
    objd=new Point();          //动态生成一个对象 objd
    objc->setPoint(5,6);           //调用 objc 的 setPoint()，初始化 objc
    objd->setPoint(7,8);           //调用 objd 的 setPoint()，初始化 objd
    m=objc->getx();            //调用 objc 的 getx()，取 objc 的 x 值
    n=objc->gety();            //调用 objc 的 gety()，取 objc 的 y 值
    cout<<"objc  m="<<m<<"  objc  n="<<n<<endl;
    m=objd->getx();            //调用 objd 的 getx()，取 objd 的 x 值
    n=objd->gety();            //调用 objd 的 gety()，取 objd 的 y 值
    cout<<"objd  m="<<m<<"  objd  n="<<n<<endl;
}
```

程序的运行结果：

```
obja  i=1  obja  j=2
objb  i=3  objb  j=4
objc  m=5  objc  n=6
objd  m=7  objd  n=8
```

说明：

（1）例中的 obja.setPoint(1,2)实际上是 obja.Point::setPoint(1,2)的缩写，二者是等价的。

（2）在使用对象指针时，用 new 动态生成了两个对象 objc 和 objd，关于对象指针的具体应用，将在第 4 章详细介绍。

3.2.3 类成员的访问属性

类成员的访问属性有三种，即公有类型（public）、私有类型（private）和保护类型（protected）。

（1）公有类型说明为公有的成员不但可以被类中的成员函数访问，还可以在类的外部通过类的对象进行访问。

（2）私有类型说明为私有的成员只能被类中的成员函数访问，不能在类的外部通过类的对象进行访问。

（3）保护类型说明为保护的成员除了类本身的成员函数可以访问外，该类的派生类的成员也可以访问，但不能在类的外部通过类的成员进行访问。

类的成员对类的对象的可见性和对类的成员函数的可见性是不同的，类的成员函数可以访问类的所有成员，无任何限制，而类的对象对类的成员的访问是受类成员的访问属性制约的。例如下面的类：

```
class Data
{
  private:
    int x;
  protected:
    int y;
  public:
    int z;
    void setData(int a,int b,int c)
    {x=a;y=b;z=c;}
```

```
};
void main()
{
  Data obj;
  void setData(1,2,3);
  cout<<"obj.x="<<obj.x<<endl;//错误，类 A 的对象 obj 不能访问类的私有成员 x
  cout<<"obj.y="<<obj.y<<endl;//错误，类 A 的对象 obj 不能访问类的保护成员 y
  cout<<"obj.z="<<obj.z<<endl;//正确，类 A 的对象 obj 可以访问类的公有成员 z
}
```

在类的外部不能通过类的对象访问类的私有成员和保护成员，如果要访问，可以通过调用公有函数来实现私有成员和保护成员的输出。修改上面的类如下：

【例 3.3】类成员的访问。

```
#include<iostream>
using namespace std;
class Data
{
  private:
     int x;//私有变量
  protected:
     int y;//受保护的变量
  public:
     int z;//公有变量
     void setData(int a,int b,int c)
     {x=a;y=b;z=c;}
     int getx()
     {return x;}
     int gety()
     {return y;}
     int getz()
     {return z;}
};
void main()
{
     Data obj;
     obj.setData(1,2,3);
     cout<<"obj.x="<<obj.getx()<<endl;//调用公有的成员函数 getx()输出私有数据成员
     cout<<"obj.y="<<obj.gety()<<endl;//调用公有的成员函数 getx()输出保护数据成员
     cout<<"obj.z="<<obj.z<<endl;
}
```

程序的运行结果：

```
obj.x=1
obj.y=2
obj.z=3
```

由此可见，类 Data 的成员函数可以访问类的私有成员 x、保护成员 y 和公有成员 z，而类 Data 的对象 obj 只可以访问类的公有成员 z，不能访问私有成员 x 和保护成员 y。

公有成员是类的外部接口，而私有成员和保护成员是类的内部数据和内部实现，不希望外界访问。由于类成员访问属性的不同，很好地实现了信息的封装和数据的保护。

3.2.4 对象赋值语句

对于两个类型相同的变量，可以利用赋值语句实现将一个变量的值赋给另一个变量。在类中，同类型的对象也可以进行赋值，当一个对象赋值给另一个对象时，所有的数据成员都会逐位复制。

【例 3.4】对象赋值语句。

```
#include<iostream>
using namespace std;
class Point{
private:
      int x,y;
public:
     void setPoint (int a,int b)
    {x=a;y=b;}
void show()
   {cout<<x<<" "<<y<<endl;}
};
void main()
{
     Point obj1,obj2;
     obj1. setPoint (1,2);
     obj2=obj1;//将对象 odj1 的值赋给 odj2
     obj1.show();
     obj2.show();
}
```

程序运行结果是：

```
1 2
1 2
```

在该程序中，语句“obj2=obj1;”等价于语句“obj2.x=obj1.x;ob2.y=ob1.y;”。赋值时，两个对象的类型必须相同，否则编译时将出现错误。两个对象之间的赋值，仅仅是这些对象中的数据成员相同，而两个对象仍然是分离的，因为两个对象分别占用不同的存储空间。若类的成员是指针类型，则可能出现错误。

3.2.5 类的作用域

在类的声明中，一对大括号形成的作用域称为类的作用域。在类的作用域中，一个类的任何成员可以访问该类的其他成员，一个类的成员函数可以不受限制地访问该类的成员。但在类的外部，对该类的数据成员的访问是受到一定限制的，有时候是不允许的，很好地实现了类的封装功能。

```
class ABC{
public:
    int x;
```

```
        void set(int);
        void show()
         {cout<<"x="<<x<<endl;}
};
void ABC::set(int a)
    {x=a;}
int fun()
    {return x;}        //错误，不能直接访问类中的 x
void main()
{
    ABC obj;
    obj.set(2);
    obj.show();
    x=3;               //错误，不能直接访问类中的 x
    obj.show();
}
```

在类 ABC 中，有一个数据成员 x，两个成员函数 set()和 show()，它们都是公有的。在两个成员函数中都访问了类 ABC 的数据成员 x。

在执行上面的程序时，编译时出现了两处错误，原因是这两条语句中使用的 x 没有定义，为什么呢？原因是对于 fun()和 main()中访问的 x，C++并不认为是类的公有数据成员 x。尽管函数 void ABC::set()定义在类的外部，但它属于类的作用域的一部分，可以直接用单个名字访问数据成员 x。

说明：

（1）如果要在 main()中访问对象 obj 的数据成员 x，指明对象名 obj.x=3。

（2）如果在上面的程序前定义一个全局变量 x 的说明：int x;，则 fun()和 main()中对 x 的访问便不会出错，但此时访问的是全局变量 x，而不是类的数据成员 x，在类中的成员函数中访问的 x 仍然是数据成员，不是全局变量。

3.2.6　自引用指针

当定义了一个类的若干对象后，每个对象都有属于自己的对象成员，但是，所有对象的成员函数代码合用一份。那么成员函数是怎样辨别出当前调用自己的是哪一个对象，从而对该对象的数据成员而不是对其他对象的数据成员进行处理呢？原来，C++为成员函数提供了一个名字为 this 的指针，这个指针为自引用指针。每当创建一个对象时系统就自动把 this 指针作为隐含的参数传递给该函数。不同的对象调用一个成员函数时，C++编译器将根据成员函数的 this 指针所指向的对象来确定应该引用哪一个对象的数据成员。因此，被存取的必然是指定对象的数据成员。

【例 3.5】显示 this 指针的值。

```
#include<iostream>
using namespace std;
class Finger{
public:
    Finger(int x1){ x=x1; }
```

```
    void disp(){cout<<"\nthis="<<this<<"    when x="<<x;}
//输出this地址以及this所指向的值（不同的系统输出this地址时值可能不一样）
private:
    int x;
};
void main()
{
    Finger a(1),b(2),c(3);
    a.disp();
    b.disp();
    c.disp();
}
```

程序的运行结果是：

```
this=0x0065fdf4    when x=1
this=0x0065fdf0    when x=2
this=0x0065fdec    when x=3
```

在通常情况下，this 指针在系统中是隐含存在的。我们也可以将其显示地表示出来。例如上例中成员函数 disp()的函数体实际上等价下列语句：

```
void disp(){cout<<"\nthis="<<this<<"    when x="<< this->x;}
```

当执行 a.disp()时，系统传给成员函数指针指向的对象 a，因此输出 a 的 x 值；执行 b. disp()时，this 指针指向对象 b，因此成员函数 disp()输出 b 的 x 值。

说明：

（1）this 指针是一个 const 指针，不能在程序中修改它或给它赋值。

（2）this 指针是一个局部数据，它的作用域仅在一个对象的内部。

3.3 构造函数

构造函数和析构函数是负责对象的创建和撤销的特殊成员函数。构造函数的作用是创建对象时进行初始化，析构函数的作用是释放对象时清理现场，二者作用相反，名称也正好相反。构造函数和析构函数之所以称为特殊的成员函数，是因为二者都没有类型说明符且程序中不能直接调用，在创建和撤销对象时由系统调用自动执行。

3.3.1 构造函数

类是用户自己定义的类型，它有时简单，有时又很复杂。当声明一个类的时候，编译程序要为对象分配空间，为数据成员赋初值，即进行必要的初始化。在计算机中不同的数据类型分配的存储空间是不同的。但在类的声明中不能给数据成员进行初始化。怎样又简单又方便地对类的成员进行初始化呢？C++提供了类的构造函数来实现这一问题。

构造函数是负责对象创建的特殊成员函数，它主要用于为对象分配空间，进行初始化。它除了具有一般成员函数的特征外，还具有特殊的性质：

（1）构造函数的名字必须和类名相同。

（2）构造函数可以有一个或多个参数，也可以没有参数，当对象初始化时，需要定义带参数的构造函数。

（3）构造函数的说明可以在类体内，也可以在类体外，放在类体外的构造函数要在函数名前要加上“类名::”。

（4）构造函数不能指定返回类型，函数体中不允许有返回值。

（5）构造函数可以重载，一个类可以定义多个参数个数不同的构造函数。

（6）如果一个类没有定义任何构造函数，C++就自动建立一个默认的构造函数，仅创建对象而不作任何初始化，默认构造函数是空函数，无参数，不能重载。

【例 3.6】Time 类的构造函数创建。

```
#include<iostream>
using namespace std;
class Time{
private:
    int hour;
    int minute;
    int second;
public:
    Time(int h,int m,int s);
    void setTime(int h,int m,int s);
    void showTime();
};
Time::Time(int h,int m,int s)//创建构造函数 Time
{
    hour=h;
    minute=m;
    second=s;
}
void Time::setTime(int h,int m,int s)
{
    hour=h;
    minute=m;
    second=s;
}
inline void Time::showTime()
{
    cout<<hour<<"."<<minute<<"."<<second<<endl;
}
```

此类类名为 Time，所以它的构造函数名也必须是 Time。构造函数主要用于创建对象，并对对象进行初始化。而这些数据成员通常为私有成员。构造函数创建对象有以下两种方法：

1. 用构造函数直接创建对象

类名　对象名[(实参表)]

“类名”与构造函数名相同，“实参表”是为构造函数提供的实际参数。

【例 3.7】用构造函数直接创建对象。

```
#include<iostream>
using namespace std;
```

```
class Time{
private:
    int hour;
    int minute;
    int second;
public:
    Time(int h,int m,int s);
    void setTime(int h,int m,int s);
    void showTime();
};
Time::Time(int h,int m,int s)
{
    hour=h;
    minute=m;
    second=s;
}
void Time::setTime(int h,int m,int s)
{
    hour=h;
    minute=m;
    second=s;
}
inline void Time::showTime()
{
    cout<<hour<<"."<<minute<<"."<<second<<endl;
}
void main()
{
    Time time1(12,12,11); //定义 time1 对象，自动调用 Time 的构造函数初始化 time1
    cout<<"time1 output1:"<<endl;
    time1.showTime();
    time1.setTime(15,25,27); //调用 time1 的 setTime() 重新设置 time1 的数据
    cout<<"time1 output2:"<<endl;
    time1.showTime();
}
```

程序运行结果为：

```
time1 output1:
12.12.11
time1 output2:
15.25.27
```

在 main()函数中并没有显式调用构造函数 Time()的语句，构造函数是在定义对象时自动调用的。在定义对象 time1 的同时，time1.Time()被自动调用执行，分别给其数据成员赋初值。

2. 利用构造函数创建对象指针时，通过 new 来实现

一般形式为：

类名 *指针变量=new 类名[(实参表)]

修改例 3.7 的程序得：

```
#include<iostream>
using namespace std;
class Time{
private:
    int hour;
    int minute;
    int second;
public:
    Time(int h,int m,int s);
    void setTime(int h,int m,int s);
    void showTime();
};
Time::Time(int h,int m,int s)
{
    hour=h;
    minute=m;
    second=s;
}
void Time::setTime(int h,int m,int s)
{
    hour=h;
    minute=m;
    second=s;
}
inline void Time::showTime()
{
    cout<<hour<<"."<<minute<<"."<<second<<endl;
}
void main()
{
    Time *time1;//定义了一个 Time 类型的指针 time1
    time1=new Time(12,12,11);
    cout<<"time1 output1:"<<endl;
    time1->showTime();
    time1->setTime(15,25,27);
    cout<<"time1 output2:"<<endl;
    time1->showTime();
}
```

程序运行结果为：

```
time1 output1:
12.12.11
time1 output2:
15.25.27
```

构造函数的名字必须和类名相同，并且是公有函数；构造函数是可以不带参数的，构造函数不能指定返回类型，甚至 void 也不可以；构造函数不能显式地调用，它是在定义对象时由系统自动调用的。

3.3.2 成员初始化表

在声明类时，不能对数据成员在其声明中进行初始化，可以在构造函数中用赋值语句实现。

但是对于常量类型和引用类型的数据成员则不能在构造函数中用赋值语句直接赋值。我们用成员初始化表来解决这一问题。

带有成员初始化表的构造函数的一般形式为：

类名::构造函数名([参数表])[:(成员初始化表)]

{

…//构造函数体

}

成员初始化表的一般形式为：

数据成员名 1(初始值 1),数据成员名 2(初始值 2),……

【例 3.8】成员初始化表的使用。

```
#include<iostream>
using namespace std;
class A{
public:
    A(int x):x(x),x1(x),pi(3.14)//等同于 x1=x,
    { }
    void print()
    {
        cout<<"x="<<x<<" "<<"x1="<<x1<<" "<<"pi="<<pi<<endl;
    }
private:
    int x;
    int x1;
  float pi;
};
int main()
{
    A a(10);
    a.print();
    return 0;
}
```

程序运行结果为：

```
x=10 x1=10 pi=3.14
```

【例 3.9】构造函数采用成员初始化表对数据成员进行初始化。

```
#include<iostream>
Using namespace std;
class B{
public:
    int i;
    int j;
```

```
        float f;
    public:
        B(int I,int J,float F)
        { i=I; j=J;f=F;}
    };
```

另外还有一种写法：

```
#include<iostream>
using namespace std;
class B{
public:
    B(int I,int J,float F): i(I), j(J),f(F)
    { }
public:
    int i;
    int j;
    float f;
};
```

其中，“i(I), j(J),f(F)”是成员初始化表，用来初始化类的成员。

如果需要把数据成员存放在堆栈中或数组中，则应在构造函数中使用赋值语句，即使构造函数有成员初始化表也应如此，构造初始化表可以初始化非数组成员，而字符数组必须在函数体内被赋值。例如：

```
class student{
public:
    student (int number,char sex ,char N[ ]): nu(number), s(sex)
    {strcpy (name,N);}
public:
    int nu;
    char s;
    char name[20];
};
```

类成员是按照它们在类里被声明的顺序进行初始化的，与它们在成员初始化表中的顺序无关。

【例 3.10】对数据成员的初始化。

```
#include <iostream>
using namespace std;
class Number{
public:
  Number(int i) :n2(i),n1(n2+1)
  {
    cout<<"n1="<<n1<<endl;
    cout<<"n2="<<n2<<endl;
  }
  private:
  int n1;
  int n2;
```

```
};
void main()
{
   Number number (10);
}
```

程序运行结果为：

```
n1:-858993459
n2:10
```

如果按照构造函数的成员初始化表，它的原意是用成员 n2 来初始化 n1。但是由于成员 n1 在 n2 之前声明，因此在 n2 尚未初始化时，n1 使用 n2 的值来初始化，得到的值是随机值，而不是希望的结果。

3.3.3 缺省参数的构造函数

对于带参数的构造函数，在定义对象时必须给函数传递参数，否则构造函数将不被执行。但在实际使用中，有些构造函数的参数值通常是不变的，只有在特殊情况下才需要改变它的参数值，这时可以将其定义成带缺省参数的构造函数。

【例 3.11】带缺省参数的构造函数。

```
#include<iostream>
using namespace std;
class Person{
public:
    Person(int height=0,int weight=0)
    { x=height; y=weight;}
    int getx()
    { return x;}
    int gety()
    { return y;}
private:
    int x,y;
};
void main()
{
    Person obj1(175,65);
    Person obj2(175);
    Person obj3;
    int i,j;
    i=obj1.getx();
    j=obj1.gety();
    cout<<"obj1 i="<<i<<" obj1 j="<<j<<endl;
    i=obj2.getx();
    j=obj2.gety();
    cout<<"obj2 i="<<i<<" obj2 j="<<j<<endl;
    i=obj3.getx();
    j=obj3.gety();
```

```
    cout<<"obj3 i="<<i<<" obj3 j="<<j<<endl;
}
```

程序运行结果为：

```
obj1 i=175 obj1 j=65
obj2 i=175 obj2 j=0
obj3 i=0 obj3 j=0
```

在类 Person 中，构造函数 Person()的两个参数均含有缺省参数值 0。因此，在定义对象时可根据需要使用其缺省值。

3.3.4　缺省的构造函数

上一节讲了带缺省参数的构造函数，即构造函数中的参数可以省略，本节学习缺省的构造函数，也叫默认的构造函数。

一个类中可以不显式地定义构造函数吗？答案是肯定的。在实际应用中，通常要给每个类定义构造函数。如果没有给每类定义构造函数，则编译系统会自动生成一个缺省的构造函数。格式如下：

类名::缺省的构造函数名()

{　}

例如，在例 3.4 中定义的类中没有定义任何构造函数，但在主程序中有下面的语句：

```
Point obj1,obj2;
```

这时系统将自动为类 Point 生成缺省的构造函数：

```
Point:: Point ()
{  }
```

并使用这个缺省的构造函数为 obj1 和 obj2 进行初始化。

系统自动生成的构造函数不带任何参数，它只能为对象开辟一个存储空间，而不能给对象中的数据成员赋初值，这时的初值是随机数，程序在运行时可能出现错误。因此给对象赋初值是非常重要的。

说明：

（1）对没有定义构造函数的类，其公有数据成员可以用初始化表进行初始化。

【例 3.12】缺省构造函数的类的初始化。

```
#include <iostream>
using namespace std;
class Person{
public:
   char name[10];
   int age;
};
void main()
{
    Person a={"liming",21};
    cout<<"姓名"<<a.name<<" 年龄"<<a.age <<endl;
}
```

程序运行结果为：

```
姓名 liming 年龄 21
```

程序在 main()中创建了类 Person 的一个对象 a，并将初始化表中的"liming"和 21 分别赋给 a.name 和 a.age。

这种方法对结构体和数组的初始化比较适合。

（2）与定义变量类似，在使用缺省的构造函数创建对象时，如果创建的是全局对象或静态对象，则对象的所有数据成员初始化为 0 或空，否则，对象的成员是随机的。

【例 3.13】使用缺省的构造函数的类中的全局对象或静态对象。

```
#include<iostream>
using namespace std;
class myclass{
public:
    char name[10];
    int no;
} a;
void main()
{
    cout<<a.name<<" "<<a.no<<endl;
    myclass b;
    cout<<b.name<<" "<<b.no<<endl;
}
```


程序运行结果为：

```
0
烫烫烫烫烫烫烫烫？ -858993460
```

（3）只要一个类定义了构造函数，系统将不会再为其提供缺省的构造函数。看下面的例子，可以得到证明。

【例3.14】定义了构造函数，系统不再提供缺省的构造函数。

```
#include <iostream>
using namespace std;
class Time{
private:
    int hour;
    int minute;
    int second ;
public:
    Time (int h,int m,int s);
    void showTime();
};
Time::Time(int h,int m,int s)
{
    hour=h;
    minute=m;
```

```
    second=s;
}
void Time::showTime()
{
    cout<<hour<<"-"<<minute<<"-"<<second<<endl;
};
void main()
{
    Time time1;
    cout<<"time1 output:"<<endl;
    time1.showTime();
    Time time2(14,5,48);
    cout<<"time2 output:"<<endl;
    time2.showTime();
}
```

程序在编译时出现错误，原因在于当定义类 Time 的对象 time1 时，找不到与之匹配的构造函数，因为类中已经定义了带有参数的构造函数，系统便不再给它提供缺省的构造函数了。

解决上述问题，有以下两种方法：

（1）在类中增加一个无参数的构造函数。

```
Time()
{  }
```

（2）将主函数改写成以下形式：

```
void main()
{
   Time time1(10,15,8);
   time1.showTime();
}
```

3.4　析构函数

在创建某个类的一个实例时，该类的构造函数可能会为该实例分配一些资源，在该实例不复存在之前，应该释放构造函数所分配的资源，以供其它实例使用。析构函数就是负责这一使命的一种特殊的成员函数，它的执行与构造函数相反，通常用于撤消对象时的一些清理任务，如释放分配空间等。

3.4.1　析构函数的构成和作用

类的析构函数由类名称和逻辑非运算符（~）组成。请看下面的例子：

【例 3.15】析构函数。

```
#include <iostream>
using namespace std;
```

```
#include <string.h>
class  CString
{
private:
  int  length;
  char *contents;
public:
  CString();          //构造函数
  ~CString();         //析构函数
    int  GetLength();
    void GetContents(char *str);
    void  SetContents(int len, char *cont);
    void  SetContents(char *cont);
};
CString::CString()
{
    length = 0;
    contents = NULL;
    cout << "字符串对象初始化" << endl;
}
CString::~CString()
{
    cout << contents << "被析构" << endl;
    if(contents != NULL)
    delete contents;
}
int  CString::GetLength()
{
  return  length;
}
void CString::GetContents(char *str)
{
  strcpy(str, contents);
}
void CString::SetContents(int len, char *cont)
{
    length = len;
    if(contents != NULL)
    delete  contents;
    contents = new char[len+1];
    strcpy(contents,cont);
    cout << "两个参数的SetContents函数" << endl;
}
```

```
void CString::SetContents( char *cont)
{
   length = strlen(cont);
   if(contents != NULL)
   delete  contents;
   contents = new char[length+1];
   strcpy(contents,cont);
   cout << "一个参数的 SetContents 函数" << endl;
}
void main()
{
   CString str1,str2;        //创建两个对象，两次调用构造函数
   str1.SetContents("第一个字符串"); //调用有一个参数的 SetContents 函数
   str2.SetContents(20, "第二个字符串"); //调用两个参数的 SetContents 函数
   int  i = str1.GetLength();
   char string[100];
   str1.GetContents(string);
   cout << i << "  "<< string << endl;
   i = str2.GetLength();
   str2.GetContents(string);
   cout << i << "  " << string << endl;
}
```

程序运行结果为：

```
字符串对象初始化
字符串对象初始化
一个参数的 SetContents 函数
两个参数的 SetContents 函数
12  第一个字符串
20  第二个字符串
第二个字符串被析构
第一个字符串被析构
```

从上面的运行结果可以看出，只要对象被创建，就会自动调用构造函数，对象析构的顺序和创建对象的顺序刚好相反。

在以下情况下，析构函数会自动被调用：

（1）如果一个对象被定义在一个函数体内，当这个函数结束时，该对象的析构函数被自动调用。

（2）若使用 new 运算符动态创建一个对象，在使用 delete 运算符释放时，delete 将会自动调用析构函数。

由此总结出析构函数的特点：

（1）析构函数的名称与类名相同，但前面加有非运算符“~”，表明其功能和构造函数相反。

（2）析构函数的说明可以在类体内，也可以在类体外。放在类体外的析构函数名前要加上“类名::”。

（3）析构函数没有参数，因此析构函数不能重载，一个类只能定义一个析构函数。

如果一个类没有定义任何析构函数，C++就自动建立一个默认的析构函数，只执行清理任务。

（4）默认析构函数是空函数，无参数，不能重载。

3.4.2 缺省的析构函数

每个类必须有一个析构函数。如果没有显式地为一个类定义析构函数，编译系统会自动生成一个缺省的析构函数。格式如下：

类名::~析构函数名()

{ }

如编译系统为类 Time 生成缺省的析构函数如下所示：

Time::~Time()

{ }

对于大多数类而言，缺省的析构函数就能满足要求，但是，如果在一个对象完成其操作之前需要做一些内部处理，则应该显式地定义析构函数。如：

```
class string_time{
public:
    string_time(char *)
    { str=new char[max_len]; }
    ~string_time()
    { delete []str; }
    void get_info(char *);
    void sent_info(char *);
private:
    char *str;
    int max_len;
};
```


3.5 再谈构造函数

3.5.1 重载构造函数

如果一个类中出现了两个以上的同名成员函数，则称为类的成员函数重载。与一般的成员函数一样，C++允许重载构造函数来适应不同的场合，这些构造函数之间以它们所带的参数的个数或类型的不同来区分。

当出现构造函数的重载时，基匹配方式同普通函数的匹配方式一样。

【例 3.16】构造函数的重载。

```
#include <iostream>
using namespace std;
class Time{
private:
   int hour;
   int minute;
```

```
    int second ;
  public:
    Time();
    Time (int h,int m,int s);
    void showTime();
};
Time::Time()//第一个构造函数
{
    hour=12;
    minute=14;
    second=45;
}
Time::Time(int h,int m,int s) //第二个构造函数
{
    hour=h;
    minute=m;
    second=s;
}
void Time::showTime()
{
    cout<<hour<<"-"<<minute<<"-"<<second<<endl;
};
void main()
{
    Time time1;
    cout<<"time1 output:"<<endl;
    time1.showTime();
    Time time2(14,5,48);
    cout<<"time2 output:"<<endl;
    time2.showTime();
}
```

程序运行结果为：

```
time1 output:
12-14-45
time2 output:
14-5-48
```

3.5.2 拷贝构造函数

拷贝构造函数是 C++引入的一种特殊的构造函数，其名称与类名相同。当用一个已知对象初始化另一个对象时，系统将自动调用拷贝构造函数进行对象之间的值的拷贝。

1. 拷贝构造函数的定义

拷贝构造函数的一般形式如下：

类名::类名(const 类名& 对象名)

{

```
    //拷贝构造函数的函数体
}
```

看下面的例子，理解拷贝构造函数的应用：

```
class Point
{
private:
   int x,y;
public:
   Point(int a,int b)
{
   x=a;y=b;
   cout<<"Using normal constructor"<<endl;
}
   Point(const Point& obj)
   {
     x=2*obj.x;
     y=2*obj.y;
     cout<<"Using copy constructor:"<<endl;
    }
   //……
};
```

假如，obj1、obj2 为类 Point 的两个对象，而且 obj1 已经存在，则下述语句可以调用拷贝构造函数来初始化 obj2：


```
Point obj2(obj1);
```

【例 3.17】拷贝构造函数的应用。

```
#include <iostream>
using namespace std;
class Student{
private:
    int height;
    int weight;
public:
    Student(int a,int b)
    {
       height=a;
       weight=b;
       cout<<"使用正常函数"<<endl;
    }
    Student(const Student& obj)//创建拷贝函数
    {
       height=2*obj.height;
       weight=2*obj.weight;
       cout<<"使用拷贝函数"<<endl;
    }
    void print()
```

```
    {
        cout<<height<<"   "<<weight<<endl;
    }
};
void main()
{
    Student obj1(175,65);
    Student obj2(obj1);
    obj1.print();
    obj2.print();
}
```

程序运行结果为：

```
使用正常函数
使用拷贝函数
175  60
350  120
```

本例在定义对象 obj2 时，调用了拷贝构造函数。从运行结果可以看出，程序调用一次普通的构造函数来初始化对象 obj1，又调用了一次拷贝构造函数，用对象 obj1 去初始化对象 obj2。

在上面的程序中，我们用一个对象去初始化另一个对象，也可以说用一个对象去复制另一个对象，可称之为“代入法”。除了这种方法外，还可以采用“赋值法”调用拷贝构造函数，把上面主函数 main()改成如下形式：

```
main()
{
Point obj1(20,30);
Point obj2=obj1;
obj1.print();
//……
}
```

在定义对象 obj2 时，虽然从形式上看是将对象 obj1 赋值给 obj2，实际上是调用了拷贝构造函数，结果和上面的例子一样。

由此可以看出：

（1）拷贝构造函数和构造函数一样不能指定有任何返回类型，函数体中不允许有返回值。

（2）拷贝构造函数只有一个参数，并且该参数是所在类的对象的引用。

（3）拷贝构造函数的说明可以在类体内，也可以在类体外。放在类体外的拷贝函数名前要加上“类名::”

我们知道类中可以使用缺省的构造函数，拷贝构造函数是否也有缺省的拷贝构造函数呢？

2. 缺省的拷贝构造函数

如果一个类没有定义任何拷贝构造函数，C++就自动建立一个默认拷贝构造函数。该函数的功能是将已知对象的所有数据成员的值拷贝给相应对象的所有数据成员。

【例 3.18】缺省的拷贝构造函数。

```
#include <iostream>
using namespace std;
```

```
class Student{
private:
  char *name;
  int num;
public:
  Student(int i,chr *_name)
  {
   num=i;
   name=_name;
  }
  void print()
  {
    cout<<num<<"   "<<name<<endl;
  }
};
int main()
{
    Student obj1(175,"张三");
    Student obj2(obj1);
    Student obj3=obj1;
    obj1.print();
    obj2.print();
    obj3.print();
    return 0;
}
```


程序运行结果为：

```
175 张三
175 张三
175 张三
```

由于程序没有用户自定义的拷贝构造函数，因此在定义对象 obj2 时，采用了“Student obj2(obj1);”的形式后，用代入法调用了系统缺省的拷贝构造函数。缺省的拷贝构造函数将对象 obj1 的各个域的值都拷贝给对象 obj2 相应的域，因此 obj2 对象的数据成员的值与 obj1 对象完全相同。在定义 obj3 时，采用“Student obj3=obj1;”的形式后，用赋值法调用了系统缺省的拷贝构造函数，obj1 的值逐域拷贝给对象 obj3。

3. 调用拷贝构造函数

我们知道，普通的构造函数是在创建时被调用，而拷贝构造函数在以下 3 种情况下都会被调用：

（1）当用类的一个对象去初始化该类的另一个对象时。如：

```
Student obj2(obj1);//用对象 obj1 初始化对象 obj2，拷贝构造函数被调用（代入法）
Student obj3=obj1; //用对象 obj1 初始化对象 obj3，拷贝构造函数被调用（赋值法）
```

（2）当函数的形参是类的对象，调用函数，进行形参和实参结合时。

```
//......
fun1(Student obj)    //函数的形参是类的对象
{
```

```
obj. Student ();
}
main()
{
    Student obj1(10,20);
    fun1(obj1);      //当调用函数，进行形参和实参结合时，调用拷贝构造函数
    return 0;
}
```

（3）当函数的返回值是对象，函数执行完成，返回调用者时

```
//……
Student fun2()
{
    Student obj1(10,30);
    return obj1;  //返回值是对象
}
main()
{
    Student obj2;
    obj2=fun2();  //函数执行完成，返回调用者时，调用拷贝构造函数
    return 0;
}
```

以上是拷贝构造函数的 3 种被调用的情况，下面看一个例子来演示调用拷贝构造函数的 3 种情况。

```
#include <iostream>
using namespace std;
class Score{
private:int english;
    int math;
public:Score(int a=0,int b=0);//构造函数
   Score(const Score &obj);//拷贝构造函数
   void print()
   {
    cout<<english<<"  "<<math<<endl;
   }
};
Score::Score(int a,int b)
{
 english=a;math=b;
 cout<<"使用构造函数"<<endl;
}
Score::Score(const Score &obj)
{
    english=2*obj.english;
    math=2*obj.math;
    cout<<"使用拷贝构造函数"<<endl;
```

```
}
void fun1(Score obj)
{
    obj.print();
}
Score fun2()
{
     Score obj4(10,20);
     return obj4;
}
void main()
{
     Score obj1(20,30); //定义对象 obj1，第一次调用普通的构造函数
     obj1.print();
     Score obj2(obj1);  //情况 1（代入法），第一次调用拷贝构造函数，用对象 obj1 初始化
                        //对象 obj2
     obj2.print();
     Score obj3= obj1;  //情况 1（赋值法），第二次调用拷贝构造函数，用对象 obj1 初始化
                        //对象 obj3
     obj3.print();
     fun1(obj1);//情况 2，对象 obj1 作为 fun1 的实参，第三次调用拷贝构造函数
     obj2=fun2(); //情况 3，函数的返回值是对象，第四次调用拷贝构造函数，在函数 fun2 内部
                 //定义对象时，第二次调用普通的构造函数
     obj2.print();
}
```


程序运行结果为：

```
使用构造函数
20 30
使用构造函数
40 60
使用构造函数
40 60
使用构造函数
40 60
使用构造函数
使用构造函数
20 40
```

3.5.3 浅拷贝和深拷贝

由缺省的拷贝构造函数所实现的数据成员逐一赋值称为浅拷贝。通常浅拷贝是能够胜任对象之间值的拷贝工作的，但若类中还有指针类型的数据，这种按数据成员逐一赋值的方法将会产生错误。看下面的例子：

```
#include <iostream.h>
#include<string.h>
class Student {
public:
    Student(char *name1,float score1);
```

```
    ~Student();
    private:
      char*name;
      float score;
   };
Student::Student(char *name1,float score1)
{
    cout<<"创建函数"<<name1<<endl;
    name=new char[strlen(name1)+1];
    if(name!=0)
    {
       strcpy(name,name1);
       score=score1;
    }
}
Student::~Student()
{
    cout<<"销毁函数"<<name<<endl;
    name[0]='\0';
    delete name;
}
void main()
{
    Student stu1("liming",90);    // 定义类 Student 的对象 stu1,
    Student stu2=stu1;            // 自动调用省缺的拷贝构造函数
}
```

程序运行结果为：

```
创建函数 liming
销毁函数 liming
销毁函数 葺葺葺葺葺葺葺葺
```

程序开始运行，创建对象 stu1 时，调用构造函数，用运算符 new 从内存中动态分配空间，字符指针 name 指向这个内存块。这时产生第一行输出“创建函数 liming”；执行语句“Student stu2=stu1;”时，因为没有定义拷贝构造函数，于是就调用缺省的拷贝构造函数，把对象 stu1 的数据成员逐个拷贝到 stu2 的对应数据成员中，使得 stu2 和 stu1 完全一样，但并没有新分配内存空间给 stu2，主程序结束时，对象逐个撤消，先撤消对象 stu2，第一次调用析构函数，用运算符 delete 释放动态分配的内存空间，并同时得到第二行输出“销毁函数 liming”； 撤消对象 stu1 时，第二次调用析构函数，因为这时指针 name 所指的空间已被释放，所以第三行输出显示 name 的内容时为乱码。

为了解决浅拷贝的错误，必须显式地定义一个自己的拷贝构造函数，使之不但拷贝数据成员，而且为对象 stu1 和 stu2 分配各自的内存空间，这就是所谓的深拷贝。看下面的例子：

```
#include <iostream>
using namespace std;
#include<string.h>
class Student {
```

```
public:
    Student(char *name1,float score1);
    Student(Student& stu);
    ~Student();
private:
    char *name;
    float score;
};
Student::Student(char *name1,float score1)
{
    cout<<"创建函数"<<name1<<endl;
    name=new char[strlen(name1)+1];
    if(name!=0)
    {
        strcpy(name,name1);
        score=score1;
    }
}
Student::Student(Student& stu)
{
    cout<<"复制创建函数"<<stu.name<<endl;
    name=new char[strlen(stu.name)+1];
    if(name!=0)
    {
        strcpy(name,stu.name);
        score=stu.score;
    }
}
Student::~Student()
{
    cout<<"销毁函数"<<name<<endl;
    name[0]='\0';
    delete name;
}
void main()
{
    Student stu1("liming",90);      // 定义类 Student 的对象 stu1
    Student stu2=stu1;              // 自动调用缺省的拷贝构造函数
}
```

程序运行结果为：

```
创建函数 liming
复制创建函数 liming
销毁函数 liming
销毁函数 liming
```

程序开始运行，创建对象 stu1 时，调用构造函数，用运算符 new 从内存中动态分配空间，字符指针 name 指向这个内存块。这时产生第一行输出“创建函数 liming”；执行语句“Student stu2=stu1;”时，由于程序中定义了自己的拷贝构造函数，于是就调用自定义的拷贝构造函数，不但把对象 stu1 的数据成员逐个拷贝到 stu2 的对应数据成员中，而且新分配内存空间给 stu2。这时产生第二行输出“销毁函数 liming”；主程序结束时，对象逐个撤消，先撤消对象 stu2，第一次调用析构函数，用运算符 delete 释放动态分配的内存空间，并同时得到第三行输出“销毁函数 liming”；撤消对象 stu1 时，第二次调用析构函数，释放了分配给对象 stu2 的内存空间，所以第四行输出“销毁函数 liming”。可见，增加了自定义的拷贝构造函数后，程序中执行了深拷贝，运算结果正确。

3.6　程序举例

【实例 1】有 10 个单词存放在一维指针数组 words 中，编写一个程序，根据用户的输入找出所有与之从前向后匹配的单词和个数。

分析：可以设计一个 Word 类，包含一个私有数据成员 words、一个构造函数和一个公有成员函数 lookup()，构造函数用于给 words 赋初值，lookup()用于找出所有与之从前向后匹配的单词和个数。

本题程序如下：

```
#include <iostream>
using namespace std;
#include<stdio.h>
#include<string.h>
class Word
{
    char words[10][12];
    public:
        Word()              // 构造函数给 words 赋初值
        {
            strcpy(words[0],"elapse");
            strcpy(words[1],"elucidate");
            strcpy(words[2],"elude");
            strcpy(words[3],"embody");
            strcpy(words[4],"embrace");
            strcpy(words[5],"embroider");
            strcpy(words[6],"emrtge");
            strcpy(words[7],"emphasize");
            strcpy(words[8],"empower");
            strcpy(words[9],"emulate");
        }
    void lookup(char s[]);
};
void Word::lookup(char s[])
{
    char *w;
    int i,j,n=0;            // n 用来记录相匹配的单词个数
```

```
    cout<<"匹配的单词:\n";
    for(i=0;i<10;i++)        // 一个单词一个单词地匹配
    {
        for(w=words[i],j=0;s[j]!='\0'&&*w!='\0'&&*w==s[j];j++,w++);
        if(s[j]=='\0')     // 匹配成功
        {
            n++;
            cout<<words[i];
        }
    }
    cout<<"匹配的单词个数: "<<n;
}
void main()
{
    Word obj;
    char str[20];
    cout<<"输入单词:";
    cin>>str;
    obj.lookup(str);
}
```

本程序的执行结果如下：

```
输入单词:  em  回车
匹配的单词:
        embody
        embrace
        emembroider
        emrtge
        emphasize
        empower
        emulate
  匹配的单词个数: 7
```


【实例 2】编写一个程序，输入 N 个学生数据，包括学号、姓名、成绩，要求输出这些学生数据并计算平均分。

分析：设计一个学生类 Stud，除了包括 no（学号）、name（姓名）和 deg（成绩）数据成员外，有两个静态变量 sum 和 num，分别存放总分和人数，另有两个普通成员函数 setdata()和 disp()，分别用于给数据成员赋值和输出数据成员的值，另有一个静态成员函数 avg()，它用于计算平均分。在 main()函数中定义一个对象数组用于存储输入的学生数据。

本题程序如下：

```
#include <iostream>
using namespace std;
#include<stdio.h>
#include<string.h>
#define N 3
class Stud
```

```
{
    int no;
    char name[10];
    int deg;
    static int num;
    static int sum;
    public:
        void setdata(int n,char na[],int d)
        {
            no=n; deg=d;
            strcpy(name,na);
            sum+=d;
            num++;
        }
        static double avg()
        {
            return sum/num;
        }
        void disp()
        {
            cout<<no<<name<<deg;
        }
};
int Stud::sum=0;
int Stud::num=0;
void main()
{
    Stud st[N];
    int i,n,d;
    char na[10];
    for(i=0;i<N;i++)
    {
        cout<<"输入学号　姓名　成绩：";
        cin>>&n>>na>>&d;
        st[i].setdata(n,na,d);
    }
    cout<<"输出数据\n";
    cout<<"　学号　姓名　成绩\n";
    for(i=0;i<N;i++)
        st[i].disp();
    cout<<"　平均分="<<Stud::avg();
}
```

本程序的执行结果如下：

```
输入学号　姓名　成绩：1 stud1 89
输入学号　姓名　成绩：2 stud2 78
输入学号　姓名　成绩：3 stud3 84
```

```
输出数据
  学号   姓名   成绩
   1     stud1   89
   2     stud2   78
   3     stud3   84
平均分=83
```

(1)C++中引进了类的概念，将数据和与之相关的函数封装在一起，避免了C结构中的不安全性，实现了数据的保护和权限控制，形成了一个统一体，具有良好的外部接口。

(2)根据访问权限可以将数据成员和成员函数划分为3种，即：公有数据成员和公有成员函数，保护数据成员和保护成员函数，私有数据成员和私有成员函数。通常情况下，一个类的数据成员声明为私有成员或保护成员，可以使数据得到有效地保护；成员函数一般都声明为公有成员，作为类与外界的接口。

(3)类与对象有着密切的联系，类是用户声明的一种抽象的数据类型，对象是类的一个实例。在定义对象时有两种方法：① 在声明类的同时，直接定义对象——在声明类的右花括号“}”后直接写出对象名。注意，此时定义的对象是一个全局对象。②声明类以后，在使用时定义对象。此时定义的对象为局部对象。

(4)构造函数和析构函数都是类的特殊的成员函数，构造函数的作用是创建对象时进行初始化，析构函数的作用是释放对象时清理现场。构造函数是在定义对象的同时被调用的，如果没有给类定义构造函数，系统会自动生成一个缺省的构造函数。每个类必须有一个析构函数，如果没有显式地为一个类定义析构函数，编译系统会自动生成一个缺省的析构函数。

C++中有多种构造函数，如缺省构造函数、拷贝构造函数、缺省拷贝构造函数等，它们都有各自不同的特点和用途。

(5)所谓浅拷贝就是由缺省的拷贝构造函数所实现的数据成员逐一赋值。若类中含有指针类型的数据，这种方法将会产生错误。为了解决浅拷贝出现的错误，必须显式地定义一个自己的拷贝构造函数，使之不但拷贝数据成员，而且为对象分配各自的内存空间，这就是所谓的深拷贝。

一、填空题

1. OOP 技术由________、________、方法、消息和继承五个基本的概念组成。
2. 类的成员函数可以在________定义，也可以在________定义。
3. 一个类的析构函数不允许有________。
4. 建立对象时，为节省内存，系统只给________分配内存。
5. 类中的数据和成员函数默认访问类型为________。

二、选择题

1．下列有关类的说法不正确的是（　）。

A．对象是类的一个实例

B．任何一个对象只能属于一个具体的类

C．一个类只能有一个对象

D．类与对象的关系和数据类型与变量的关系相似

2．下面（　）项是对构造函数和析构函数的正确定义。

A．void X::X()，void X::~X()

B．X::X(参数)，X::~X()

C．X::X(参数)，X::~X(参数)

D．void X::X(参数),　void X::~X(参数)

3．（　）的功能是对对象进行初始化。

A．析构函数　　B．数据成员　　C．构造函数　　D．静态成员函数

4．下列表达方式正确的是（　）。

A．
```
class P{
 public:
       int x=15;
       void   show(){cout<<x; }
     };
```

B．
```
class P{
 public;
       int x;
   void show(){cout<<x; }
         }
```

C．
```
class P{
       int   f;
         };
       f=25;
```

D．
```
class P{
 public:
       int a;
   void Seta (int x) {a=x;}
```

5．拷贝构造函数具有的下列特点中，错误的是（　）。

A．如果一个类中没有定义拷贝构造函数时，系统将自动生成一个默认的

B．拷贝构造函数只有一个参数，并且是该类对象的引用

C．拷贝构造函数是一种成员函数

D．拷贝构造函数的名字不能用类名

三、程序设计题

1．用类实现计算两点之间的距离。（可以定义点类（Point），再定义一个类（Distance）描述两点之间的距离，其数据成员为两个点类对象，两点之间距离的计算可设计由构造函数来实现。）

2．编写一个程序，设计一个 Cdate 类，它应该满足下面的条件：

（1）用这样的格式输出日期：日-月-年。

（2）输出在当前日期上加两天后的日期。

（3）自己设置日期。

第 4 章　对象成员和友元

类实现了不同类型数据的聚集，也就是说，类的数据成员可以是不同的数据类型，那么由用户自定义的数据类型在类机制中如何使用呢？另外，类实现了数据的封装和保护，类的外部函数如果要访问类内的数据成员又要如何实现呢？本章主要针对以上问题讲解 C++面向对象中的两个重要内容：对象成员和友元。

- 对象成员
- 静态数据成员和静态成员函数的概念和用法
- 友元的概念和用法

4.1　对象成员

对象成员是指在类的定义中数据成员可以为其它类的对象，即类对象作为另一个类的数据成员。

如果在类定义中包含有对象成员，则在创建类对象时先调用对象成员的构造函数，再调用类本身的构造函数。析构函数和构造函数的调用顺序正好相反。

【例 4.1】对象成员。

```
#include<iostream>
using namespace std;
class StudentID{
  public:
    StudentID(int id=0)          // 带缺省参数的构造函数
     {
       value=id;
       cout <<"Assigning student id " <<value <<endl;
     }
    ~StudentID()
     {
       cout <<"Destructing id " <<value <<endl;
     }
  private:
    int value;
};
```

```
class Student{
public:
  Student(char* pName="no name",int ssID=0):id(ssID)
  {
    cout <<"Constructing student " <<pName <<endl;
    strncpy(name,pName,sizeof(name));
    name[sizeof(name)-1]='\n';
  }
  ~Student()
  {cout<<"Deconstructing student  "<<name<<endl;}
protected:
  char name[20];
  StudentID id;                // 对象成员
};
void main()
{
  Student s("li ming",20090101);
  Student t("wang lan");
}
```

程序运行结果如下：

```
Assigning student id 20090101
Constructing student li ming
Assigning student id 0
Constructing student wang lan
Deconstructing student  wang lan
Destructing id 0
Deconstructing student  li ming
Destructing id 20090101
```

从程序执行的结果可以看出，如果一个程序中有对象成员，程序执行时，首先调用类本身的构造函数，在执行本身构造函数的函数体之前，调用成员对象的构造函数，然后再执行类本身构造函数的函数体。

4.2　对象数组与对象指针

4.2.1　对象数组

所谓对象数组是指每一数组元素都是对象的数组，也就是说，若一个类有若干个对象，我们把这一系列的对象用一个数组来存放。对象数组的元素是对象，不仅具有数据成员，而且具有成员函数。

1. 一维对象数组的定义

类名 数组名[下标表达式];

例如：

```
Student obj[10];
```

定义了类 Student 的对象数组 obj。

2. 一维对象数组的访问

与基本数据类型的数组一样，在使用对象数组时也只能访问某个数组元素，也就是一个对象，通过这个对象，也可以访问到它的公有成员，一般格式是：

数组名[下标].成员名

【例 4.2】对象数组。

```
#include<iostream>
using namespace std;
    class Studentid {
    public:
        void set(int n)
            { x=n; }
        int get()
            { return x; }
        private:
        int x;
    };
void  main()
{   Studentid ob[4];
    int i;
    for (i=0;i<4;i++) //利用循环对 ob[i]赋值
        ob[i].set(i);
    for (i=0;i<4;i++) //循环打印 ob[i]
        cout<<"20090"<<ob[i].get()<<' '<<endl;
  }
```

程序的运行结果为：

```
200900
200901
200902
200903
```

3. 一维对象数组的初始化

建立某个类的对象数组时，在设计类的构造函数时要充分考虑到数组元素初始化的需要；当各个元素的初值要求为相同的值时，应该在类中定义不带参数的构造函数或带缺省参数的构造函数；当各元素对象的初值要求为不同的值时要求定义带形参的构造函数。定义对象数组时，可通过初始化表进行赋值。

【例 4.3】通过初始化表给对象数组赋值。

```
#include<iostream>
using namespace std;
class Studentid
{
   public:
      Studentid ()//类的初始化
      {x=0;}
      Studentid (int n)//初始赋值
```

```
        {x=n;}
        int get()
        {return x;}
    private:
        int x;
};
void main()
{
    Studentid ob1[4]={1,2,3,4};
    Studentid ob2[4]={5,6};
    Studentid ob3[4]={ Studentid (1), Studentid (2), Studentid (3),Studentid(4)};
    Studentid ob4[4]={ Studentid (5), Studentid (6)};
    ob4[2]= Studentid (7);
    ob4[3]= Studentid (8);
    int i;
    for(i=0;i<4;i++)
    cout<<"20090"<<ob1[i].get()<<' ';
    cout<<endl;
    for(i=0;i<4;i++)
    cout<<"20090"<<ob2[i].get()<<' ';
    cout<<endl;
    for(i=0;i<4;i++)
    cout<<"20090"<<ob3[i].get()<<' ';
    cout<<endl;
    for(i=0;i<4;i++)
    cout<<"20090"<<ob4[i].get()<<' ';
    cout<<endl;
}
```

程序的运行结果如下：

```
200901 200902 200903 200904
200905 200906 200900 200900
200901 200902 200903 200904
200905 200906 200907 200908
```

说明：本例在执行语句"Studentid ob1[4]={1,2,3,4};"时，分别初始化 ob1[0]，ob1[1]，ob1[2]和 ob1[3]。如果没有指定初始值，就调用不带参数的构造函数。

二维对象数组初始化的方法可结合一维对象数组，参考二维数组的初始化方法来进行。

4.2.2　对象指针

每一个对象在初始化后都会在内存中占有一定的空间。因此，既可以通过一个对象名访问对象，也可以通过对象地址来访问一个对象，对象指针就是一个用来存放对象地址的变量。当指针加 1 或减 1 时，它总是指向其基本类型中的一个元素，对象指针也是如此。指针对象加 1 时，指向下一个数组对象元素。

声明对象指针的一般语法形式为：

类名 * 对象指针名;

1. 用指针访问单个对象成员

对象指针和其它数据类型的指针相同。使用对象指针时，首先要把它指向一个已创建的对象，然后才能访问对象的公有成员。

在第 3 章中我们已经知道，用点运算符（.）来访问对象的成员，当用指向对象的指针访问对象成员时，就要用“->”操作符。

【例 4.4】对象指针的使用。

```
#include<iostream>
using namespace std;
class A{
    public:
    void set(int a){ x=a; }
    void show(){ cout<<x<<endl; }
    private:
   int x;
  };
void main()
{ A ob,*p;              // 声明类 A 的对象 ob 和类 A 的对象指针 p
   ob.set(15);
   ob.show();           // 利用对象名访问对象的成员
   p=&ob;               // 将对象 ob 的地址赋给对象指针 p
   p->show();           // 利用对象指针访问对象的成员
};
```


程序的运行结果如下：

```
15
15
```

此例声明了一个类 A，ob 是类 A 的一个对象，p 是类 A 的对象指针，对象 ob 的地址是用地址操作符（&）获得并赋给对象指针 p 的。

2. 用对象指针访问对象数组

对象指针不仅能访问单个对象，也能访问对象数组。

A ob[2]表示声明了对象数组 ob[2]，而 p=ob 表示将数组对象的首地址赋给对象指针 p。将上面的例子的 main()函数改写为：

```
void main()
{
   A ob[2],*p;
   ob[0].set(10);
   ob[1].set(20);
   p=ob;
   p->show();
   p++;
   p->show();
}
```

程序的运行结果如下：

```
10
20
```

4.2.3　指向类的成员的指针

C++提供一种特殊的指针类型，它指向类的成员，而不是指向该类的一个对象中该成员的一个实例，这种指针称为指向类成员的指针。通过指向成员的指针只能访问公有的数据成员和成员函数。

1. 指向数据成员的指针

指向数据成员的指针格式如下：

类型说明符　类名::*数据成员指针名;

声明指向数据成员的指针后，需要对其进行赋值，也就是要确定指向类的哪一个成员。指向对象的成员的指针使用前也要先声明，再赋值，然后访问。

对数据成员赋值的一般格式如下：

数据成员指针名=&类名::数据成员名;

由于类是通过对象而实例化的，只有在定义了对象时才能为具体的对象分配内存空间，这时只要将对象在内存中的起始地址与成员指针中的存放的相对偏移结合起来就可以访问到对象的数据成员了。用数据成员指针访问数据成员可以通过以下两种格式实现：

对象名.*数据成员指针名

或

对象指针名->*数据成员指针名

【例 4.5】指向数据成员的指针。

```
#include<iostream>
using namespace std;
class DataPointer{
  public:
    DataPointer(int x)
      {z=x;}
    int z;
};
void main()
{
  DataPointer ob(10);   //声明一个对象指针 pc1
  DataPointer *pc1;
  pc1=&ob;  //给对象指针 pc1 赋值
  int DataPointer::*pc2;
  pc2=&DataPointer::z;//指针指向 DataPointer 域中的 z 值
     //以上两语句可以合写成 int DataPointer::*pc2=&DataPointer::z;
  cout<<ob.*pc2<<endl;
  cout<<pc1->*pc2<<endl;
  cout<<ob.z<<endl;
}
```

程序运行结果如下：

```
10
10
10
```

2. 指向成员函数的指针

指向成员函数的指针格式如下：

类型说明符　(类名::*指针名)(参数表);

对成员函数指针赋值的一般格式为：

成员函数指针名=&类名::成员函数名;

成员函数指针在声明后要对其赋值，也就是要确定指向类的哪一个成员函数。对于一个普通函数而言，函数名就表示它的起始地址，将起始地址赋给指针，就可以通过指针调用函数。虽然类的成员函数并不在每个对象中复制一份拷贝，但是语法规定必须要通过对象来调用成员函数，因此上述赋值之后，也还不能用指针直接调用成员函数，而是要首先声明类的对象，然后通过下面两种形式利用成员函数指针调用成员函数：

(对象名.*成员函数指针名)(参数表)

或

(对象指针名—>*成员函数指针名)(参数表)

【例 4.6】指向成员函数的指针。

```
#include<iostream>
using namespace std;
class FunctionPointer{
public:
  FunctionPointer(int m){x=m;}//初始化
  void print()
  {cout<<"x="<<x;   }
   private:
          int x;
   };
void main()
{
   FunctionPointer a(1);
   void (FunctionPointer:: *p)()=&FunctionPointer::print;//给成员函数指针赋值
   (a.*p)();//调用成员函数
       /*或者如此调用
      FunctionPointer *q;
       q=&a;
      (q->*p)();*/
}
```

程序运行结果：

```
x=1
```

3. 由类外指向类内的指针

语法声明格式：

类型符　类名::*指针名=类中数据成员地址描述;

【例 4.7】类外指向类内的指针变量。

```
#include<iostream>
using namespace std;
```

```
class  A
{
  public:
    int  i,*p;
    A(){i=10;p=&i;}
};
  int  A::*p=&A::i; // p是类外指针数据
void  main()
{
  A  aa,bb; // 按缺省构造函数的安排，aa、bb中的i初值都是10
   (bb.*p)++;    // 括号不可缺，否则编译器将理解为非法操作
  --*aa.p;
  cout<<"AA:"<<aa.*p<<"  BB:"<<bb.*p<<"\n";
  cout<<"AA:"<<*aa.p<<"  BB:"<<*bb.p<<endl;
}
```

程序的运行结果为：

```
AA:9  BB:11
AA:9  BB:11
```

例 4.7 中的指针变量 p 出现在两处，一处是类 A 的构造函数中（p=&i），另一处是全局数据区中。在本例中它们彼此并不冲突，各行其事。要特别注意由类外指向类内的指针数据在使用时的写法：

类所定义的对象名. 指针名…

这种在类外定义的指向类内数据成员的指针在使用上由于受类的数据封装特性的限制，其所指成员只能处于 public 区中。

4. 类外指向成员函数的指针

语法声明格式：

类型符(类名::*指针名)(参数类型表)=&类名::函数名;

与指向数据成员的指针相同，这里的成员函数也只能在 public 区中声明。

【例 4.8】类外指向成员函数的指针变量。

```
#include<iostream>
using namespace std;
class  A
{
  int  i;
  public:
  int  set(int  k)
  {i=++k;return  i;}
};
void  main()
{
  int  (A::*f)(int)=&A::set;
  A  aa;
  cout<<(aa.*f)(10)<<endl;      // 括号不能省略
}
```

程序的运行结果为：

```
11
```

4.3 向函数传递对象

在第 2 章讲到函数的时候，我们知道函数中参数的传递分为值传递和引用传递，对象作为一种自定义的数据类型，也同样可以作为参数在函数中传递。

对象也可以像其它类型的数据一样作为参数传递给函数，不同的是，它是通过传值调用给函数的。在函数中对对象的任何修改不会影响调用函数的对象本身。

【例 4.9】使用对象作为函数参数。

```
#include<iostream>
using namespace std;
class Object{
   public:
      Object(int n) { x=n; }
      void set(int n){ x=n; }
int get( ){ return x; }
private:
      int x;
};
void Multiplication (Object a)//值的更改说明不影响对象本身
{   a.set(a.get()*a.get());
      cout<<"调用后 a 的值为: ";
      cout<<a.get()<<"\n"; }
void main()
{   Object  a(10);
    Multiplication (a);
    cout<<"主函数中 a 的值为:";
    cout<<a.get( );
}
```

程序运行结果如下：

```
调用后 a 的值为: 100
主函数中 a 的值为: 10
```

和其他类型的变量一样，也可以将对象的地址传递给函数。这时函数对对象的修改将影响到调用函数对象的本身。

1. 使用对象指针作为函数参数

使用对象指针作为函数参数可以实现传递地址调用，可实现在被调用函数中改变调用函数的参数对象的值，实现函数之间的信息传递。当函数的形参是对象的指针时，调用函数的对应实参应该是某个对象的地址值。

【例 4.10】使用对象指针作为函数参数。

```
#include<iostream>
using namespace std;
class Object{
   public:
      Object(int n) { x=n; }
```

```
        void set(int n){ x=n; }
        int get( ){ return x; }
private:
        int x;
};
    void Multiplication (Object *a) //把对象地址当形参传过来
    {  a->set(a->get()*a->get());    //这里必须用->而不能用.，因为用. 作对象内
                                     //成员的访问
   cout<<"调用后 a 的值为：";
   cout<<a->get()<<"\n"; }
   void main()
   {  Object  a(10);
      Multiplication (&a);
      cout<<"调用后主函数中对象 a 中的值为 :";
      cout<<a.get() <<"\n";
 }
```

程序的运行结果如下：

调用后 a 的值为：100
调用后主函数中对象 a 中的值为：100

不难看出，调用函数前 a.x 的值是 10，调用后的值变为 100，可见在函数中对对象的修改，影响了调用该函数的对象本身。

2. *使用对象引用作为函数参数*

对象指针可以作为函数的参数，使用对象指针作为函数参数可以实现传递地址调用，即可在被调用函数中改变调用函数的参数对象的值，实现函数之间的信息传递。同时使用对象指针实参仅将对象的地址传递给形参，并不进行拷贝，这样可以提高运行效率，减少时空开销。

当函数的形参是对象的指针时，调用函数的对应实参应该是某个对象的地址值。下面对例 4.10 稍作修改，说明对象指针作为函数参数这个问题。

【例 4.11】使用对象引用作为函数参数。

```
#include<iostream>
using namespace std;
class Object{
    public:
        Object(int n) { x=n; }
        void set(int n){ x=n; }
        int get( ){ return x; }
private:
        int x;
};
void Multiplication (Object &a)//这里只是把指针换成了引用
{    a.set(a.get()*a.get());//这里必须用.而不能用->，这里是对类内成员的直接访问
        cout<<"调用后 a 的值为：";
        cout<<a.get()<<"\n"; }
void main()
{   Object  a(10);
```

```
    Multiplication (a);
    cout<<"调用后主函数中对象 a 中的值为 :";
    cout<<a.get() <<"\n";
}
```

程序的运行结果如下：

调用后 a 的值为：100

调用后主函数中对象 a 中的值为：100

由程序结果可以看出，使用对象指针作为函数参数与使用对象引用作为函数参数，其输出结果完全相同。

4.4 静态成员

通常在解决实现一个类的不同对象之间的数据和函数共享问题时，可以定义全局变量，但全局变量的安全性得不到保证，因此在实际工作中常采用定义静态数据成员的方法来实现。

4.4.1 静态数据成员

1. 静态数据成员的定义

定义格式如下：

static 数据类型 数据成员名;

例如：


```
class Student
{
   char stu_no[8];      //学号
   float score;         //学生成绩
   static float sum;    //sum 为静态数据成员
  public:
  ......
};
```

在一个类中，若将一个数据成员说明为 static，这种成员称为静态数据成员。

与一般的数据成员不同，无论建立多少个类的对象，都只有一个静态数据的拷贝，从而实现了同一个类的不同对象之间的数据共享。

2. 静态成员的初始化

数据类型 类名::静态数据成员名=值

例如：float Student::sum=0;

注意：

（1）不能用参数初始化表对静态数据成员初始化。

例：Student(char *no,float sc):sum（0）{ } //错误

（2）静态数据成员初始化只能在类体外进行。

3. 静态数据成员的引用方式

对象名.静态数据成员名，如：stu1.sum

对象指针->静态数据成员名，如：p->sum

类名::静态数据成员名，如：Student::sum

注意：如果静态数据成员被定义为私有的，则不能在类外直接引用，而必须通过公用的成员函数引用。

使用说明：

（1）静态数据成员在所有对象之外单独开辟空间，只占一份空间。

（2）编译时被分配空间的，到程序结束时才释放空间。

（3）只要在类中定义了静态数据成员，即使不定义对象，也为静态数据成员分配空间，它可以被引用。

（4）一个类中可以有一个或多个静态数据成员，所有对象共享这些静态数据成员，都可以引用它。

（5）静态数据成员的值对所有对象都是一样的。如果改变它的值，则在各对象中这个数据成员的值都同时改变了。

【例 4.12】静态数据成员的使用引例。

```
#include <iostream>
using namespace std;
class Myclass
{
public:
    Myclass(int a, int b, int c);
    void GetNumber();
    void GetSum();
private:
    int A, B, C;
    static int Sum; //定义静态成员 Sum
};
int Myclass::Sum = 0; //静态成员的初始化，必须在类外完成
Myclass::Myclass(int a, int b, int c)
{
    A = a;
    B = b;
    C = c;
    Sum+=A+B+C; //累加到 Sum 中，看出静态成员数据的作用
}
void Myclass::GetNumber()//得到各成员的值
{
    cout<<"Number="<<A<<" "<<B<<" "<<C<<" "<<endl;
}
void Myclass::GetSum()//得到其和
{cout<<"Sum="<<Sum<<endl;}
void main()
{
    Myclass M(1, 2, 3);//初始化对象 M
    M.GetNumber();
    M.GetSum();
    Myclass N(4, 5, 6);//初始化对象 N
```

```
    N.GetNumber();
    N.GetSum();
}
```

程序运行结果:

```
Number=1 2 3
Sum=6
Number=4 5 6
Sum=21
```

从结果中可以看出，对象 M 得到和为 6，保存在 Sum 中，而对象 N 调用时，Sum 中的值仍为 6，结果变为 21，说明了数据的共享。

4.4.2 静态成员函数

定义静态成员函数的格式如下:

static 返回类型 静态成员函数名(参数表);

与静态数据成员类似，调用公有静态成员函数的一般格式有如下几种:

类名::静态成员函数名(实参表)

对象. 静态成员函数名(实参表)

对象指针->静态成员函数名(实参表)

【例 4.13】利用静态成员函数来访问静态数据成员。

```
#include <iostream>
using namespace std;
class M
{
  public:
    M(int a)
    {  B+=a;}
     static void f(M m);
  private:
    static int B;
};
  int M::B=0;
  void M::f(M m)
{
  cout<<"B="<<B<<endl;
}
void main()
{
   M P(5);//定义对象 P
   M *q=&P; //定义对象指针，指向 P
   M::f(P);//用类名调用
   q->f(P);//用对象指针调用
   M Q(10);//定义对象 Q
   Q.f(Q);//用对象调用
}
```

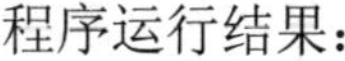

程序运行结果：

```
B=5
B=5
B=15
```

通过此例，可以看出静态成员和静态函数的调用方式以及其作用。

静态成员函数的优点：即使不存在类的对象，它们也存在，并且可以调用。

静态成员函数与非静态成员函数的区别：

（1）静态成员函数属于类，非静态成员函数属于对象。

（2）调用非静态成员函数时，系统会把调用对象的 this 指针传递给成员函数。

（3）静态成员函数没有 this 指针。无法对一个对象中的非静态成员进行默认访问。

（4）在静态成员函数的实现中不能直接引用类中声明的非静态成员，但可以通过对象来访问。

4.4.3　通过普通指针访问静态成员

可以通过指向类的静态成员的普通指针来访问类的静态成员。

【例 4.14】通过指针访问类的静态数据成员。

```
#include<iostream>
using namespace std;
   class myclass
{
    public:
      myclass()  // 构造函数,每定义一个对象,静态数据成员 i 加 1
          { ++i; }
      static int i;                                  // 声明静态数据成员 i
};
int myclass::i=0;   // 静态数据成员 i 初始化,不必在前面加 static
int main()
{
  int *count=&myclass::i;      // 声明一个 int 型指针,指向类的静态成员
  myclass ob1,ob2,ob3,ob4;
    cout<<"myclass::i="<<*count<<endl;//通过指针直接访问静态数据成员
    return 0; }
```

程序的结果如下：

```
myclass::i=4
```

4.5　友元

友元提供了不同类或对象的成员函数之间、类的成员函数与一般函数之间进行数据共享的机制。对于一个类，可以利用关键字 friend 将一般函数、其他类的成员函数或者其他类声明为该类的友元，使得这个类中本来隐藏的信息（包括私有成员和保护成员）可以被友元访问。如果友元是一般成员函数或是类的成员函数，称为友元函数；如果友元是一个类，则称为友元类，友元类的所有成员函数都成为友元函数。

4.5.1 友元函数

友元函数是独立于当前类的外部函数，不属于当前类。但它可以访问该类的所有对象的成员，包括私有成员、保护成员和公有成员。声明友元函数时，只需要在函数名前加上 friend 关键字，它可以定义在类内的任何部分，也可以定义在类外。

【例 4.15】友元函数的使用。

```
#include<iostream>
using namespace std;
class Book{
public:
    Book(char *s,int n)
    {
      name=new char[strlen(s)+1];//为 name 分配空间
      strcpy(name,s);//为 name 赋值
      ID=n;//为 ID 赋值
    }
    friend  void print(Book &);//声明友元函数
    ~Book(){delete  [] name;} //析构函数，释放掉 name 的空间
private:
      char *name;
      int ID;
};
void  print(Book &book) //定义友元函数
{
    cout<<"书目的名称是："<<book.name<<"   ID 是："<<book.ID<<endl;
}
void main()
{
    Book book("c++友元函数的使用",1);
    print(book);
}
```

程序的运行结果如下：

```
书目的名称是：c++友元函数的使用   ID 是：1
```


4.5.2 友元成员

其他类的成员函数也可以声明为一个类的友元函数，这个成员函数称为友元成员。友元成员不仅可以访问自己所在类对象中的私有成员和公有成员，还可以访问 friend 声明语句所在类对象中的私有成员和公有成员，这样能使两个类相互合作、协调工作，完成某一任务。

友元成员的使用和一般友元函数的使用基本相同，只是在使用该友元成员时通常需要进行前向引用声明，并且要通过相应的类和对象名进行访问。

【例 4.16】一个类的成员函数作为另一个类的友元。

```
#include<iostream>
using namespace std;
```

```
class Book;
class BookInformation{
public:
   BookInformation(char *s,int n)
{
    publisher=new char[strlen(s)+1];//为 publisher 分配空间
    strcpy(publisher,s);//为 publisher 赋值
       Data=n;//为 Data 赋值
}
  void  print(Book &);//声明 print()为类 BookInformation 的成员函数
    ~BookInformation(){delete  [] publisher;} //析构函数，释放掉 publisher 的空间
private:
    char *publisher;
    int Data;
};
class Book{
   public:
    Book(char *s,int n)
     { name=new char[strlen(s)+1];//为 name 分配空间
       strcpy(name,s);//为 name 赋值
      ID=n;//为 ID 赋值
     }
   friend void BookInformation::print(Book &);  //声明类 BookInformation 的
                                                 //成员函数
   ~Book(){delete  [] name;} //析构函数，释放掉 name 的空间
private:
   char *name;
   int ID;
};
void  BookInformation::print(Book &book)     //定义友元函数
{
    //访问 Book 类对象的成员
   cout<<"书目的名称是："<<book.name<<"   ID 是："<<book.ID<<endl;
    //访问 BookInformation 类对象的成员
   cout<<"书的出版社："<<publisher<<"  出版时间："<<Data<<endl;
}
void main()
{
   BookInformation info("中国水利水电出版社",2009);
   Book book("c++友元函数的使用",1);
   info.print(book);
}
```

程序运行结果如下：

书目的名称是：c++友元函数的使用　ID 是：1

书的出版社：中国水利水电出版社　出版时间：2009

4.5.3 友元类

一个类作为另一个类的友元时，该类称为友元类。友元类的所有成员函数都是另一个类的友元函数，都可以访问另一个类中的隐藏信息（包括私有成员和保护成员）。

友元类可以在另一个类的公有部分或私有部分进行说明，说明方法如下：

friend <类名>; //友元类类名

使用友元类时注意：

（1）友元关系不能被继承。

（2）友元关系是单向的，不具有交换性。若类 X 是类 Y 的友元，类 Y 不一定是类 X 的友元，要看在类中是否有相应的声明。

（3）友元关系不具有传递性。若类 X 是类 Y 的友元，类 Y 是 Z 的友元，类 X 不一定是类 Z 的友元。

友元类的应用请参考 4.7 节实例 2。

4.6 常类型

虽然数据隐藏保证了数据的安全性，但各种形式的数据共享却不同程度地破坏了数据的安全性。因此，对于既需要共享，又需要防止改变的数据应该定义为常类型进行保护，以保证它在整个程序运行期间是不可改变的。这些常量需要使用 const 修饰符进行定义。const 关键字不仅可以修饰类对象本身，也可以修饰类对象的成员函数和数据成员，分别称为常对象、常成员函数和常数据成员。

4.6.1 常引用

常引用的说明形式如下：

const 类型说明符& 引用名

常引用引用的对象不允许更改。

【例 4.17】常引用作函数形参。

```
#include<iostream>
using namespace std;
int count(const int& i,const int& j)
{
    return (i+j);
}
void main()
{
    int a=10;
    int b=20;
    cout<<a<<"+"<<b<<"="<<count(a,b)<<endl;
}
```

程序的运行结果如下：

```
10+20=30
```

4.6.2　常对象

常对象在定义时必须进行初始化，而且不能被更新。常对象的说明形式如下：

类名 const 对象名[(参数表)];

或者

const　类名 对象名[(参数表)];

【例 4.18】非常对象和常对象的比较。

```
#include <iostream>
using namespace std;
class ConstObj{
public:
   int m;
   ConstObj(int i,int j)
   {
     m=i; n=j;
    }
   void set(int i){n=i;}
   void print()
   {  cout<<"m="<<m<<endl;
      cout<<"n="<<n<<endl;
   }
private:
    int n;
};
void main()
{
    ConstObj a(0,0);
    a.set(30);
    a.m=40;
    a.print();
}
```

在这个例子当中，对象 a 是一个普通的对象，而不是常对象，分析程序的结果为：

```
m=40
n=30
```

如果将程序中的对象 a 定义为常对象，将主函数修改为：

```
void main()
{
    const ConstObj a(0,0);
    a.set(30);
    a.m=40;
    a.print();
}
```

那么，程序编译时会出现如下的 3 个错误，第一个和第二个错误出现在 a.set(30)和 a.m=40 语句，C++不允许直接或间接地更改常对象的数据成员；第三个错误出现在 a.print()语句，C++不允许常对象调用普通的成员函数。

4.6.3 常对象成员

1. 常数据成员

使用 const 说明的数据成员称为常数据成员。如果在一个类中说明了常数据成员，那么构造函数就只能通过初始化列表对该数据成员进行初始化，而任何其他函数都不能对该成员赋值。

【例 4.19】常数据成员举例。

```
#include <iostream>
using namespace std;
class ConstData{
public:
    ConstData(int y,int m,int d);
    void ShowData();
private:
   const int year;
   const int month;
   const int day;
};
//通过构造函数列表进行类的初始化
ConstData::ConstData(int y,int m,int d):year(y),month(m),day(d){  }
void ConstData::ShowData()
{
   cout<<year<<"."<<month<<"."<<day<<endl;
}
void main()
{
   ConstData data(2009,1,1);
   data.ShowData();
}
```

程序运行结果如下：

```
2009.1.1
```

注意：类成员初始化的时候，不能够在函数中进行简单的赋值操作，const 成员只能通过初始化列表进行赋值。

2. 常成员函数

在类中使用关键字 const 说明的函数为常成员函数，常成员函数的说明格式如下：

类型说明符 函数名(参数表)const;

const 是函数类型的一个组成部分，因此在函数的实现部分也要带关键字 const。

【例 4.20】常成员函数的使用。

```
#include <iostream>
using namespace std;
class ConstData{
public:
    ConstData(int y,int m,int d);
    void ShowData();
```

```
    void ShowData() const;
private:
   const int year;
   const int month;
   const int day;
};
//通过构造函数列表进行类的初始化
ConstData::ConstData(int y,int m,int d):year(y),month(m),day(d){ }
void ConstData::ShowData()
{
   cout<<"ShowData1"<<endl;
   cout<<year<<"."<<month<<"."<<day<<endl;
}
void ConstData::ShowData() const
{
   cout<<"ShowData2"<<endl;
   cout<<year<<"."<<month<<"."<<day<<endl;
}
void main()
{
   ConstData date1(2008,1,1); date1.ShowData();
   const  ConstData  date2(2009,1,1); date2.ShowData();
}
```

程序运行结果如下：

```
ShowData1
2008.1.1
ShowData2
2009.1.1
```

在使用常成员函数时要注意：

（1）const 是函数类型的一个组成部分，因此在函数实现部分也要带有 const 关键字。

（2）常成员函数不更新对象的数据成员，也不能调用该类中没有用 const 修饰的成员函数。

（3）常对象只能调用它的常成员函数，而不能调用其他成员函数。成员函数与对象之间的操作关系如表 4-1 所示。

表 4-1　成员函数与对象之间的操作关系

对象＼成员函数	常成员函数	一般成员函数
常对象	√	×
一般对象	√	√

（4）const 关键字可以用于参与重载函数的区分。例如：

```
void Print();
void Print() const;
```

这两个函数可以用于重载。重载的原则是：常对象调用常成员函数，一般对象调用一般成员函数。

4.7 程序举例

【实例 1】编写一个程序，输入 N 个学生数据，包括学号、姓名、成绩，要求输出这些学生数据并计算平均分。

分析：设计一个学生类 CStudent，除了包括 ID（学号）、name（姓名）和 score（成绩）数据成员外，有三个静态变量 number、sum 和 average，分别存放学生人数、学生的总成绩和学生的平均成绩，普通成员函数 print()输出姓名、编号和成绩等信息，静态成员函数 Aver()用于计算平均分，友元函数 show()输出学生的总人数和全部成绩，在 main()函数中定义了一个对象数组用于存储输入的学生数据。

```
#include <iostream>
using namespace std;
class CStudent{
private:
   char* name; //学生姓名
   char* ID; //学号
   float score; //学生成绩
   static int number;//学生人数
   static float sum;//学生的总成绩
   static float average; //学生的平均成绩
public:
    CStudent(char* s,char * n,float a);
    static void Aver();//求平均成绩
    void print(); //输出姓名、编号和成绩等信息
    friend void show(CStudent &);//友元函数输出学生的数量和成绩
    ~CStudent()
   {
    delete [] name;
    delete [] ID;
    number--;
    sum-=score;
   }
};
CStudent::CStudent(char* s,char * n,float a)
{
   name=new char[strlen(s)+1];
   strcpy(name,s);
   ID=new char[strlen(n)+1];
   strcpy(ID,n);
   score=a;
   number++; //学生人数增加
   sum+=score; //累加总成绩
```

```
}
void CStudent::print()
{
   cout<<"学生姓名："<<name<<endl;
   cout<<"学生编号："<<ID<<endl;
   cout<<"学生成绩："<<score<<endl;
}
void show(CStudent &student)
{
   cout<<"学生的总人数:"<<CStudent::number<<endl;//非静态成员函数访问静态成员
   cout<<"学生的总成绩"<<CStudent::sum<<endl;
}
void CStudent::Aver()
{
   average=sum/number;
   cout<<"学生的平均成绩："<<average<<endl;
}
//静态数据成员初始化
int CStudent::number=0;
float CStudent::sum=0;
float CStudent::average=0;
void main()
{
   CStudent student[4]={CStudent("张三","0809001",80),CStudent("李四",
   "0809002",90),CStudent("王五","0809003",90),CStudent("马六","0809004",80)};
    for (int i=0;i<4;i++)
    {
       student[i].print();
    }
    show(student[4]);
    student[4].Aver();
}
```

程序的运行结果：

```
学生姓名：张三
学生编号：0809001
学生成绩：80
学生姓名：李四
学生编号：0809002
学生成绩：90
学生姓名：王五
学生编号：0809003
学生成绩：90
学生姓名：马六
学生编号：0809004
学生成绩：80
学生的总人数:4
```

学生的总成绩 340
学生的平均成绩：85

【实例 2】参考本书第 1 章 1.4 中的实例 1，利用本章讲到的友元类和友元函数，写一个能输出一年 12 个月的年历程序。

分析：在第 1 章 1.4 节的实例 1 中，日期使用结构类型，在此可以修改为包含一个友元类的类类型：

```
class Date
{
  public:
    int month;
    int day;
    int year;
  private:
    friend TdateType;          //定义 TdateType 类为 Date 类的友元类
};
```

对于 TdateType 类，作如下修改：

```
class TdateType
{
   public:
       TdateType();                    //不带参数的构造函数定义
       TdateType(Date &b);             //有参数的构造函数定义
       void Modify(int m = 10,int d = 1,int y = 2009);  //修改日期
       void GetIn(int y);
       int Weekday();                  //判断是星期几成员函数定义
       void Print();                   //打印日期
   friend void show();                 //声明 show()函数为类的友元函数
   private:
    Date a;                            //对象成员
    int IsLeapYear();                  //成员函数,判断是否闰年
    int MonthEnd(int m);               //计算某月的天数
};
```

类的成员函数的定义：

```
TdateType::TdateType()
{
    a.year=1999;
    a.month=1;
    a.day=1;
}
TdateType::TdateType(Date &b)
{
    a.month = b.month;
    a.day = b.day;
    a.year = b.year;
}
void TdateType::Modify(int m,int d,int y)
```

```
{
    a.month = m;
    a.day = d;
    a.year = y;
}
void TdateType::GetIn(int y)
{
    a.year=y;
}
int TdateType::IsLeapYear()
{
    return ( (a.year % 4==0 && a.year % 100!=0 )||(a.year % 400==0) );
}
int TdateType::MonthEnd(int m)
{
    switch(m)
    {
        case 1:
        case 3:
        case 5:
        case 7:
        case 8:
        case 10:
        case 12: return 31;
        case 4:
        case 6:
        case 9:
        case 11:return 30;
         case 2:
            if (IsLeapYear())
               return 29;
            else
               return 28;
    }
    return 0;
}
int TdateType::Weekday()
{
    long n;
    n=((a.year)-1)*365;                //直至去年的天数(不考虑闰年)
    n+=((a.year)-1)/4;                 //以下 3 条语句考虑闰年数
    n-= ((a.year)-1)/100;
    n+=((a.year)-1)/400;
    for ( int i=1;i<a.month;i++)       //本年直至上月的天数
        n+=MonthEnd(i);
    n +=a.day;                         //本月的天数
```

```
    n %=7;                                  //折算成星期几,若 0,则为星期日
    return n;
}
void TdateType::Print()
{
   for(int i=0;i<=6;i++)cout<<weekdays[i]<<"  ";
   cout<<endl;                              //输出星期
   char arr=32;int j=0;
   for(j=0;j<Weekday()*5;j++)cout<<arr;  //输出每月 1 号所在行之前的空格
   int array[31];                           //定义一个月的日期
   for(int k=1;k<=MonthEnd(a.month);k++)
   {
      int m=k+Weekday()-1;
      if(m%7==0&&m>6)  cout<<endl;   //日期超出周六后输出换行符
      array[k-1]=k;                         //向数组内输入日期
      cout<<array[k-1]<<"   ";         //输出日期之间的空格
      if(k<10)cout<<" ";                    //输出占一个字符的日期多余的空格
   }
   cout<<endl;
}
```

友元函数 show()的定义：

```
void show()
{
  TdateType d;
  for((d.a).month=1;(d.a).month<=12;(d.a).month++)
  {
    d.Modify((d.a).month,(d.a).day,(d.a).year);
    cout<<(d.a).month<<"月份："<<endl;
    d.Print();
  }
}
```

程序的主函数是：

```
int main()
{
  int year;
  TdateType Getdata;
  cout<<"请输入年份:"<<endl;
  cin>>year;
  Getdata.Modify();
  Getdata.GetIn(year);
  cout<<year<<"年的年历为:"<<endl;
  show();
  return 0;
}
```

注意，调试上述程序时，应该在定义类 Date 之前先声明 class TdateType 类，即增加如下语句：

```
class TdateType;
```

程序的执行结果是：

```
请输入年份：
2010
2010 年的年历为：
1 月份：
Sun  Mon  Tue  Wed  Thu  Fri  Sat
                         1    2
3    4    5    6    7    8    9
10   11   12   13   14   15   16
17   18   19   20   21   22   23
24   25   26   27   28   29   30
31
2 月份：
Sun  Mon  Tue  Wed  Thu  Fri  Sat
     1    2    3    4    5    6
7    8    9    10   11   12   13
14   15   16   17   18   19   20
21   22   23   24   25   26   27
28
3 月份：
Sun  Mon  Tue  Wed  Thu  Fri  Sat
     1    2    3    4    5    6
7    8    9    10   11   12   13
14   15   16   17   18   19   20
21   22   23   24   25   26   27
28   29   30   31
… …
```

本章小结

（1）所谓对象数组是指每一数组元素都是对象的数组,也就是说，若一个类有若干个对象，把这一系列的对象用一个数组来存放。对象数组的元素是对象，不仅具有数据成员，而且还有成员函数。

（2）每一个对象在初始化后都会在内存中占有一定的空间。因此，既可以通过一个对象名访问对象，也可以通过对象地址来访问一个对象，对象指针就是一个用来存放对象地址的变量。

（3）函数中参数的传递有值传递和引用传递，那么对象作为一种自定义的数据类型，也同样可以作为参数在函数中传递。

（4）友元提供了不同类或对象的成员函数之间、类的成员函数与一般函数之间进行数据共享的机制。对于一个类，可以利用关键字 friend 将一般函数、其他类的成员函数或者其他类声明为该类的友元，使得这个类中本来隐藏的信息（包括私有成员和保护成员）可以被友元访问。如果友元是一般成员函数或是类的成员函数，称为友元函数；如果友元是一个类，则称为友元类，友元类的所有成员函数都成为友元函数。

（5）const 关键字不仅可以修饰类对象本身，也可以修饰类对象的成员函数和数据成员，分别称为常对象、常成员函数和常数据成员。

（6）静态成员包括静态数据成员和静态函数成员，静态成员只有一个拷贝，一个类的所有对象共享这个静态成员。

习题4

一、填空题

1．静态成员属于________，非静态成员属于对象。

2．this 指针总是指向________，当调用一个成员函数时，系统就自动把 this 指针传给该函数。

3．________成员函数中不能直接引用类中说明的非静态成员。

4．设 A 为 test 类的对象且赋有初值，则语句 test B(A); 表示________。

5．利用“对象名.成员变量”形式访问的对象成员仅限于被声明为 （1） 的成员；若要访问其他成员变量，需要通过 （2） 函数或 （3） 函数。

二、选择题

1．友元的作用是（　）。

A．实现多态性

C．加强了类的封装性

B．提高了代码的可重用性和可维护性

D．提高代码的运行效率

2．下列各类函数中，（　）不是类的成员函数。

A．析构函数　　B．构造函数

C．拷贝初始化构造函数　　D．友元函数

3．为了使类中的某个成员不能被类的对象通过成员操作符访问，不能把该成员的访问权限定义为（　）。

A．public　　B．protected

C．private　　D．static

4．关于静态成员的描述中，（　）是错误的。

A．静态成员可分为静态数据成员和静态成员函数

B．静态数据成员定义后必须在类体内进行初始化

C．静态数据成员初始化不使用其构造函数

D．静态数据成员函数中不能直接引用非静态成员

5．关于友元的描述中，（　）是错误的。

A．友元函数是成员函数，它被说明在类体内

B．友元函数可直接访问类中的私有成员

C．友元函数破坏封装性，使用时尽量少用

D．友元类中的所有成员函数都是友元函数

三、程序设计题

1．写出下列程序的输出结果。

```
#include<iostream>
using namespace std;
class Count
{  public:
    Count() { count++;}
    static int getn() {return count;}
    ~Count() { count--; }
private:
    static int count;
};
int Count::count=100;
void main()
{ Count c1,c2,c3,c4;
  cout<<Count::getn()<<endl;
}
```

____

2．定义一个抽象类 shape 用以计算面积，从中派生出计算长方形、梯形、圆形面积的派生类。程序中通过基类由指针来调用派生类中的虚函数，计算不同形状的面积。

第 5 章　继承和派生

继承是面向对象程序设计的一个重要特性，通过继承实现了数据抽象基础上的代码重用。继承性反映了类的层次结构，并支持对事物从一般到特殊的描述。继承性使得程序员可以以一个已有的较一般的类为基础建立一个新类，而不必从零开始设计。从而可以从一个或多个先前定义的类中继承数据成员和成员函数，而且可以重新定义或加入新的数据成员和成员函数，从而建立了类的层次或等级。

- 继承与派生
- 派生类的定义
- 类的继承方式
- 派生类的构造函数和析构函数
- 派生类对基类成员的继承

5.1　继承与派生

5.1.1　继承与代码重用

类的继承是新的类从已有类那里得到已有的特性。从已有的类产生新类的过程就是类的派生。在继承过程中，原有的类或已经存在的用来派生新类的类称为基类或父类，而由已经存在的类派生出的新类则称为派生类或子类。

在应用程序设计中，经常要用到一些相同或部分相同的程序和类，继承可以实现这些类的代码的重用。例如，表 5-1 定义的 person 类和 student 类。

表 5-1　person 类和 student 类

class person //定义一个 person 类	class student //定义一个 student 类
{ protected:	{ protected:
char name[10];	char name[10];
int age;	int age;
char sex;	char sex;

	char　department[20];
public:	public:
void　print();	void　print();
};	};

从上面两个类的声明中，可以看出，两者的数据成员和成员函数有很多相同的地方，后者只是在前者的基础上添加了一些成员，因此，可以使用继承来派生另一个类，实现代码的重用，提高程序的效率。

根据派生类所拥有的基类数目不同，可以分为单继承和多继承。一个类只有一个直接基类时，称为单继承；而一个类同时有多个直接基类时，称为多继承，如图 5-1 所示。

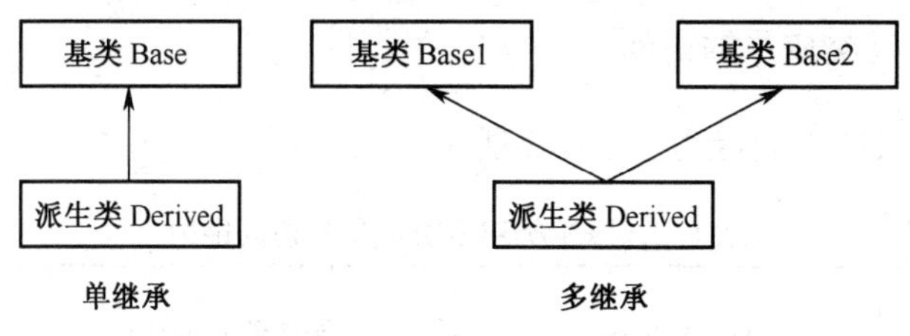

图 5-1　单继承与多继承

派生类具有如下特点：

（1）新的类可在基类的基础上增加新的成员。

（2）在新的类中可隐藏基类的成员函数。

（3）可为新类重新定义成员函数。

基类与派生类之间的关系如下：

（1）基类是对派生类的抽象，派生类是对基类的具体化，是基类定义的延续。

（2）派生类是基类的组合。多继承可以看作是多个单继承的简单组合。

（3）公有派生类的对象可以作为基类的对象处理。

5.1.2　派生类的声明

派生类声明的一般格式如下：

```
class <派生类名> : <继承方式 1> <基类名 1>,
<继承方式 2> <基类名 2>,
…,
<继承方式 n> <基类名 n>
    {
      <派生类新定义成员>
    } ;
```

其中的“基类名”是已有类的名称。“派生类名”是继承原有类的特性而生成的新类的名称。单继承时，只需定义一个基类；多继承时，需同时定义多个基类。

“继承方式”即派生类的访问控制方式，用于控制基类中声明的成员在多大的范围内能被派生类的用户访问。每一个继承方式，只对紧随其后的基类进行限定。

继承方式包括3种：①公有继承 public；②私有继承 private；③保护继承 protected。

若不显式给出继承方式关键字，系统则默认为私有继承（private）。类的继承方式指定了派生类成员以及类外对象对于从基类继承来的成员的访问权限。

从已有类派生出的新类，除了能从基类继承所有成员之外，还可以在派生类内完成以下几种功能：

（1）可以增加新的数据成员。

（2）可以增加新的成员函数。

（3）可以重新定义基类中已有的成员函数。

（4）可以改变现有成员的属性。

5.1.3 派生类对基类成员的访问

派生类对基类成员的访问能力如表5-2所示。

表5-2 派生类对基类成员的访问能力

继承方式 基类成员	公有继承 public	私有继承 private	保护继承 protected
私有成员 private	×	×	×
公有成员 public	√	√（私）	√（保）
保护成员 protected	√	√（私）	√

从表5-2可以看出：

（1）基类中的私有成员在派生类中是隐藏的，只能在基类内部访问。

（2）派生类中的成员不能访问基类中的私有成员，可以访问基类中的公有成员和保护成员。

此时派生类对基类中各成员的访问能力与继承方式无关，但继承方式将影响基类成员在派生类中的访问控制属性，基类中公有成员和保护成员的访问控制属性将随着继承方式而改变：派生类从基类公有继承时，基类的公有成员和保护成员在派生类中仍为公有成员和保护成员；派生类从基类私有继承时，基类的公有成员和保护成员在派生类中都改变为私有成员；派生类从基类保护继承时，基类的公有成员在派生类中改变为保护成员，基类的保护成员在派生类中则仍为保护成员。

5.1.4 派生类对基类成员的访问规则

派生类对基类成员的访问形式主要有以下两种：

（1）内部访问：由派生类中新增成员对基类继承来的成员的访问。

（2）对象访问：在派生类外部，通过派生类的对象对从基类继承来的成员的访问。

1. 私有继承的访问规则

当类的继承方式为私有继承时，基类的 public 成员和 protected 成员被继承后作为派生类的 private 成员，派生类的其他成员可以直接访问它们，但是在类外部通过派生类的对象无法访问。

基类的 private 成员在私有派生类中是不可直接访问的，所以无论是派生类成员还是通过派生类的对象，都无法直接访问从基类继承来的 private 成员，但是可以通过基类提供的 public 成员函数间接访问。访问规则如表 5-3 所示。

表 5-3　私有继承的访问规则

基类成员	private 成员	public 成员	protected 成员
内部访问	不可访问	可访问	可访问
对象访问	不可访问	不可访问	不可访问

【例 5.1】

```
#include <iostream>
using namespace std;
class Foundation{
public:
    void set(int i, int j)
    {
        x=i; y=j;
    }
    void print()
    {
        cout<<x<<endl;
        cout<<y<<endl;
    }
private:
    int x,y;
};
class Derivative:private Foundation
{
public:
    void set1(int i, int j, int k)
    {
        set(i, j); z=k;
    }
    void display()
    {
        cout<<x<<endl;  //错误，在派生类中不能访问基类的私有成员
        cout<<y<<endl;  //错误，在派生类中不能访问基类的私有成员
        cout<<z<<endl;
```

```
    }
private:
    int z;
};
void main()
{
    Derivative  exam;
    exam.set(1,2);    // 错误，set()在派生类中为私有成员，不能被访问
    exam.print();      //错误，print()在派生类中为私有成员，不能被访问
    exam.set1(1,2,3);
    exam.display();
}
```

说明：在这个例子中，由于是私有继承，所以在 main 函数中不能对函数 set()、print()进行访问，由于 x、y 是基类 Foundation 中的私有成员，所以在 display()中不能对它进行访问，要使调用 display()输出三个数，可以改为如下形式：

```
void display()
{
    print();
    cout<<z<<endl;
}
```

2. 公有继承的访问规则

当类的继承方式为公有继承时，基类的 public 成员和 protected 成员继承到派生类中仍作为派生类的 public 成员和 protected 成员，派生类的其他成员可以直接访问它们。但是，类的外部使用者只能通过派生类的对象访问继承来的 public 成员。

基类的 private 成员在私有派生类中是不可直接访问的，所以无论是派生类成员还是通过派生类的对象，都无法直接访问从基类继承来的 private 成员，但是可以通过基类提供的 public 成员函数间接访问它们。访问规则如表 5-4 所示。

表 5-4　公有继承的访问规则

基类成员	private 成员	public 成员	protected 成员
内部访问	不可访问	可访问	可访问
对象访问	不可访问	可访问	不可访问

【例 5.2】

```
#include <iostream>
using namespace std;
class Foundation{
public:
    void set(int i,int j)
    {
        x=i; y=j;
    }
    Void print()
```

```
    {
        cout<<x<<endl;
        cout<<y<<endl;
    }
private:
    int x,y;
};
class Derivative:public Foundation
{
public:
    void set1(int i,int j,int k)
    {
        set(i,j); z=k;
    }
    void display()
    {
        print();
        cout<<z<<endl;
    }
private:
    int z;
};
void main()
{
    Derivative exam;
    exam.set(1,2);          //合法，由于在继承类中为public成员
    exam.print();           //合法，由于在继承类中为public成员
    exam.set1(1,2,3);
    exam.display();
}
```

说明：在 main 函数中可以使用 exam.set()、exam.print()函数，因为它们在继承类中为 public 成员，所以可以直接使用。

3. 保护继承的访问规则

当类的继承方式为保护继承时，基类的 public 成员和 protected 成员继承到派生类中都作为派生类的 protected 成员，派生类的其他成员可以直接访问它们，但是类的外部使用者不能通过派生类的对象来访问它们。

基类的 private 成员在私有派生类中是不可直接访问的，所以无论是派生类成员还是通过派生类的对象，都无法直接访问基类的 private 成员。访问规则如表 5-5 所示。

表 5-5　保护继承的访问规则

基类成员	private 成员	public 成员	protected 成员
内部访问	不可访问	可访问	可访问
对象访问	不可访问	不可访问	不可访问

【例 5.3】

```
#include <iostream>
using namespace std;
class Foundation{
public:
    void set(int i,int j)
    {
        x=i; y=j;
    }
    void   print()
    {
        cout<<x<<endl;
        cout<<y<<endl;
    }
private:
    int x,y;
};
class Derivative:protected Foundation
{
public:
    void set1(int i,int j,int k)
    {
        set(i,j); z=k;
    }
    void display()
    {
        print();
        cout<<z<<endl;
    }
private:
    int z;
};
void main()
{
    Derivative exam;
    exam.set(1,2);  //不合法，由于在继承类中为protected成员
    exam.print();     //不合法，由于在继承类中为protected成员
    exam.set1(1,2,3);
    exam.display();
}
```

说明：在 main()中，由于 exam.set()、exam.print()函数在继承类中为 protected 成员，不能用对象直接访问，把这两句注释掉就可以运行了。

5.2　派生类的构造函数和析构函数

5.2.1　派生类构造函数和析构函数的执行顺序

这里先用一个例子来说明派生类构造函数和析构函数的执行顺序。

【例 5.4】

```
#include <iostream>
using namespace std;
class Foundation{
public:
    Foundation()
    {
        cout<<"基类的构造函数"<<endl;
    }
    ~Foundation()
    {
        cout<<"基类的析构函数"<<endl;
    }
};
class Derivative:public Foundation
{
public:
    Derivative()
    {
            cout<<"派生类的构造函数"<<endl;
    }
    ~Derivative()
    {
            cout<<"派生类的析构函数"<<endl;
    }
};
void main()
{
    Derivative exam;
}
```

程序的输出结果：

```
基类的构造函数
派生类的构造函数
派生类的析构函数
基类的析构函数
```

从结果中可以得出这样一个结论：通常情况下，当创建派生类对象时，首先执行基类的构造函数，随后再执行派生类的构造函数；当撤消派生类对象时，先执行派生类的析构函数，随后再执行基类的析构函数。

5.2.2 派生类构造函数和析构函数的构造规则

我们应该注意一个问题，派生类不能继承基类的构造函数和析构函数。但基类的构造函数中没有参数或者没有显式定义构造函数时，派生类可以不向基类传递参数，甚至可以不定义构造函数，但是当基类中含有带参数的构造函数时，派生类必须定义构造函数，提供把参数传递给基类构造函数的途径。

在 C++中，派生类构造函数的一般格式为：

派生类名(参数总表):基类名(参数表)

{

// 派生类新增成员的初始化语句

}

说明：基类构造函数的参数，一般来源于派生类构造函数的参数总表。

当派生类中含有内嵌对象成员时，其构造函数的一般形式为：

派生类名(参数总表):基类名(参数表 1),内嵌对象名 1(内嵌对象参数表 1),...,内嵌对象名 n(内嵌对象参数表 n)

{

// 派生类新增成员的初始化语句

}

【例 5.5】


```
#include <iostream>
using namespace std;
class Foundation{
public:
    Foundation(int i)
    {
        cout<<"基类的构造函数"<<endl;
        x=i;
    }
    ~Foundation()
    {
        cout<<"基类的析构函数"<<endl;
    }
    void    printx()
    {
        cout<<x<<endl;
    }
private:
    int x;
};
class Derivative:public Foundation
{
public:
    Derivative(int m,int n):Foundation(n)//定义派生类构造函数时，加上基类的构造函数
```

```
    {
        cout<<"派生类的构造函数"<<endl;
        y=m;
    }
    ~Derivative()
    {
        cout<<"派生类的析构函数"<<endl;
    }
    void    printy()
    {
        cout<<y<<endl;
    }
private:
    int y;
};
void main()
{
    Derivative exam(1,2);
    exam.printx();
    exam.printy();
}
```

程序运行结果：

基类的构造函数
派生类的构造函数
2
1
派生类的析构函数
基类的析构函数

下面把例 5.5 改写成有内嵌对象的例子，来看一下当有内嵌对象时构造函数和析构函数的执行顺序。

【例 5.6】

```
#include <iostream>
using namespace std;
class Foundation{
public:
    Foundation(int i)
    {
        cout<<"基类的构造函数"<<endl;
        x=i;
    }
    ~Foundation()
    {
        cout<<"基类的析构函数"<<endl;
    }
    void    printx()
    {
```

```
        cout<<x<<endl;
    }
private:
    int x;
};
class Derivative:public Foundation
{
Foundation obj;
public:
    Derivative(int m):Foundation(m),obj(m)  //定义派生类构造函数时，加上基类的
                                            //构造函数
    {
        cout<<"派生类的构造函数"<<endl;
    }
    ~Derivative()
    {
        cout<<"派生类的析构函数"<<endl;
    }
};
void main()
{
    Derivative exam(10);
    exam.printx();
}
```


程序执行结果为：

基类的构造函数
基类的构造函数
派生类的构造函数
10
派生类的析构函数
基类的析构函数
基类的析构函数

从例子中可以看出：在定义派生类对象时，构造函数的执行顺序如下：

（1）调用基类的构造函数。

（2）调用内嵌对象成员的构造函数（有多个对象成员时，调用顺序由它们在类中声明的顺序确定）。

（3）派生类的构造函数体中的内容。

撤消对象时，析构函数的调用顺序与构造函数的调用顺序正好相反。

这里要特别强调的是：当基类构造函数不带参数时，派生类不一定要定义构造函数，然而当基类的构造函数哪怕是只带有一个参数，由它所派生出来的所有派生类都必须定义其构造函数。即使是它的构造函数什么功能都不实现，函数体为空，但它起到了函数传递的作用。

5.3　多继承

当派生类只有一个基类时，我们称这种派生方法为单基派生或单继承，而当一个派生类

具有多个基类时，这种派生方法称为多基派生或多继承。多继承可以看成是单继承的扩展，派生类与每个基类之间的关系仍可看作是一个单继承。

5.3.1　多继承的声明

有两个以上基类的派生类声明的一般形式如下：

```
class 派生类名:继承方式 1　基类名 1,…,继承方式 n　基类名 n{
        // 派生类新增的数据成员和成员函数
};
```

其中，<继承方式 1>、<继承方式 2>、…是三种继承方式 public、private 和 protected 之一。冒号后面的部分称为基类表，各基类之间用逗号分隔，缺省的继承方式是 private。

例如：

```
class person{ … };
class student { … };
class school:public person,public student{ … };
```

其中，派生类 school 具有两个基类（类 person 和类 stdent），因此，类 school 是多继承的。派生类 school 的成员包含基类 person 中成员、基类 student 中成员和该类本身的成员。

【例 5.7】

```
#include <iostream>
using namespace std;
class Foundation1{
public:
    void set_x(int i){x=i;}
    void printx(){cout<<"x="<<x<<endl;}
private:
    int x;
};
class Foundation2{
public:
    void set_y(int i){y=i;}
    void printy(){cout<<"y="<<y<<endl;}
private:
    int y;
};
class Foundation:public Foundation1,public Foundation2{
public:
    void set_xy(int m,int n)
    {
        set_x(m); set_y(n);
    }
    void printxy()
    {
        printx();printy();
    }
 };
```

```
void main()
{
    Foundation a;
    a.set_xy(10,20);
    a.printxy();
}
```

程序运行结果为：

```
x=10
y=20
```

此时若派生类继承多个具有相同数据成员的基类，当派生类对象要访问基类的时候，怎样确定访问的是哪个基类的数据成员。此时的情况叫二义性。怎么消除这个二义性呢？看如下的例子：

```
class A
{
  public:
    void show();
};
class B
{
  public:
    void show();
};
class C:public A,public B
{
  public:
  void show();
}
```


如果在 main 函数中定义了类 C 的对象 ob，那么 ob.show()是二义的，因为在它的基类 A 和 B 中都有函数 show()，使用成员名限定可以消除二义性，其格式如下：

```
ob.A::show();
ob.B::show();
```

5.3.2 多继承的构造函数和析构函数

多继承下派生类的构造函数与单继承下派生类的构造函数相似，它必须同时负责该派生类所有基类构造函数的调用。同时，派生类的参数个数必须包含完成所有基类初始化所需的参数个数。多继承构造函数定义的一般形式如下：

```
派生类名(参数总表):基类名 1(参数表 1),基类名 2(参数表 2),…,基类名 n(参数表 n)
{
    // 派生类新增成员的初始化语句
}
```

【例 5.8】

```
#include <iostream>
using namespace std;
```

```
class Foundation1{
public:
    Foundation1(int i)
    {
        cout<<"基类的构造函数"<<endl;
        x=i;
    }
    ~Foundation1(){cout<<"基类的析构函数"<<endl;
    }
    void printx(){cout<<"x="<<x<<endl;}
private:
    int x;
};
class Foundation2{
public:
    Foundation2(int i)
    {
        cout<<"基类的构造函数"<<endl;
        y=i;
    }
    ~Foundation2(){cout<<"基类的析构函数"<<endl;
    }
    void printy(){cout<<"y="<<y<<endl;}
private:
    int y;
};
class Derivative:public Foundation1,public Foundation2
{
public:
    Derivative(int m, int n, int p):Foundation1(m),Foundation2(n)
        // 定义派生类构造函数时，加上基类的构造函数
    {
        cout<<"派生类的构造函数"<<endl;
        z=p;
    }
    ~Derivative(){cout<<"派生类的析构函数"<<endl;
    }
    void printz(){cout<<"z="<<z<<endl;}
private:
    int z;
};
void main()
{
    Derivative exam(10,20,30);
    exam.printx();
    exam.printy();
```

```
    exam.printz();
}
```

说明：

（1）对基类成员和子对象成员的初始化必须在成员初始化列表中进行，新增成员的初始化既可以在成员初始化列表中进行，也可以在构造函数体中进行。

（2）派生类构造函数必须对这三类成员进行初始化，其执行顺序如下所述：

1）调用基类构造函数。

2）调用子对象的构造函数。

3）派生类的构造函数体。

（3）当派生类有多个基类时，处于同一层次的各个基类的构造函数的调用顺序取决于定义派生类时的声明顺序（自左向右），而与在派生类构造函数的成员初始化列表中给出的顺序无关。

（4）如果派生类的基类也是一个派生类，则每个派生类只需负责其直接基类的构造，依次上溯。

（5）当派生类中有多个子对象时，各个子对象构造函数的调用顺序也取决于在派生类中定义的顺序（自前至后），而与在派生类构造函数的成员初始化列表中给出的顺序无关。

（6）派生类构造函数提供了将参数传递给基类构造函数的途径，以保证在基类进行初始化时能够获得必要的数据。因此，如果基类的构造函数定义了一个或多个参数时，派生类必须定义构造函数。

（7）如果基类中定义了缺省构造函数或根本没有定义任何一个构造函数（此时，由编译器自动生成缺省构造函数）时，在派生类构造函数的定义中可以省略对基类构造函数的调用，即省略“<基类名>(<参数表>)”。

（8）子对象的情况与基类相同。

（9）当所有的基类和子对象的构造函数都可以省略时，可以省略派生类构造函数的成员初始化列表。

（10）如果所有的基类和子对象构造函数都不需要参数，派生类也不需要参数时，派生类构造函数可以不定义。

5.3.3　虚基类

前面讲到解决二义性的一种方法就是使用作用域标志符来唯一标志它们。另外两种解决二义性的方法是：

（1）在类中定义同名成员。定义同名成员可以解决二义性问题的主要原因是支配规则在起作用。支配规则如下：类 X 中的成员 N 支配类 Y 中同名的成员 N 是指类 X 以类 Y 为它的一个基类。如果一个名字支配另一个名字，则二者之间不存在二义性，当使用该成员时，使用支配者中的成员。

（2）虚基类。虚基类在解决二义性问题时要注意：

1）一个类不能从同一个类中直接继承一次以上。

2）二义性检查在访问控制权限或类型检查之前进行，访问控制权限不同或类型不同不能解决二义性问题。

下面看一下解决二义性的其中一种方法：虚基类。

1. 虚基类的概念

如果基类中只存在一个拷贝，就不会存在二义性，如果想使公共的基类只产生一个拷贝，则可以把它声明为虚基类。

虚基类的声明是在派生类的声明过程中，其语法形式如下：

```
class　派生类名:virtual　继承方式　类名{
    // …
}
```

【例 5.9】

```
#include <iostream>
using namespace std;
class Foundation{
public:
    Foundation()
    {    x=5; cout<<"Foundation x="<<x<<endl;}
protected:
    int x;
};
class Foundation1:virtual public Foundation{
public:
    Foundation1()
    {
        x+=10;
        cout<<"Foundation1 x="<<x<<endl;
    }
};
class Foundation2:virtual public Foundation{
public:
    Foundation2() {x+=20; cout<<"Foundation2 x="<<x<<endl;}
};
class Derivative:public Foundation1,public Foundation2{
public:
    Derivative()
    {cout<<"Derivative x="<<x<<endl;}
    };
void main()
{
   Derivative exam;
}
```

程序运行结果如下：

```
Foundation x=5
Foundation1 x=15
Foundation2 x=35
Derivative x=35
```

从例子中可以看到，数据来自同一个拷贝，因此不存在二义性问题。

2. 虚基类的初始化

在使用虚基类机制时应该注意以下几点：

（1）如果在虚基类中定义有带形参的构造函数，并且没有定义缺省形式的构造函数，则整个继承结构中，所有直接或间接的派生类都必须在构造函数的成员初始化表中列出对虚基类构造函数的调用，以初始化在虚基类中定义的数据成员。

（2）建立一个对象时，如果这个对象中含有从虚基类继承来的成员，则虚基类的成员是由最远派生类的构造函数通过调用虚基类的构造函数进行初始化的。该派生类的其他基类对虚基类构造函数的调用都自动被忽略。

（3）若同一层次中同时包含虚基类和非虚基类，应先调用虚基类的构造函数，再调用非虚基类的构造函数，最后调用派生类构造函数。

（4）对于非虚基类，构造函数的执行顺序仍是先左后右，自上而下。

（5）对于多个虚基类，构造函数的执行顺序仍然是先左后右，自上而下。

（6）若虚基类由非虚基类派生而来，则仍然先调用基类构造函数，再调用派生类的构造函数。

（7）关键字 virtual 与继承方式关键字的先后顺序无关紧要，以下两个继承的声明是等价的。

```
class Derivative: virtual public Foundation
{
   //......
};
class Derivative: public virtual Foundation
{
   //......
};
```


（8）一个类可以在一个类族中既用作虚基类，也用作非虚基类。

（9）在派生类的对象中，同名的虚基类只产生一个虚基类子对象，而某个非虚基类产生各自的子对象。

5.4 赋值兼容规则

在现实生活中，我们说猫是一种动物，这句话是完全符合逻辑的，在程序设计语言中，可以把动物抽象为一个类，可以看出来猫是一种动物，因此猫类可以看作是从动物类派生出来的。也就是说，在需要基类对象的地方使用派生类对象是有意义的，也是合乎逻辑的。现在来解释赋值兼容规则。

所谓赋值兼容规则是指在需要基类对象的任何地方都可以使用公有派生类的对象来替代。这样，公有派生类实际上就具备了基类的所有特性，凡基类能解决的问题，公有派生类也能解决。

例如，下面声明的两个类：

```
class Foundation
{
```

```
    …
};
class Derivative:public Foundation{
…
};
```

根据赋值兼容规则，可以实现：

（1）可以用派生类对象给基类对象赋值。例如：

```
Foundation b;
Derivative d;
b=d;
```

这样赋值的效果是，对象 b 中的所有数据成员都将具有对象 d 中对应数据成员的值。

（2）可以用派生类对象来初始化基类的引用。例如：

```
Derivative d;
Foundation &br=d;
```

（3）可以把派生类对象的地址赋值给指向基类的指针。例如：

```
Derivative d;
Foundation &bptr=&d;
```

这种形式的转换是在实际应用程序中最常见到的。

（4）可以把指向派生类对象的指针赋值给指向基类对象的指针。例如：

```
Derivative *dptr;
Foundation *&bptr=dptr;
```

【例 5.10】

```
#include <iostream>
using namespace std;
class Foundation{
public:
    int x;
    Foundation(int i)   {x=i;}  //基类的构造函数
    void print(){cout<<"Foundation:"<<x<<endl;}
};
class Derivative:public Foundation
{
public:
    Derivative(int n):Foundation(n){}  //定义派生类构造函数时，加上基类的构造函数
    void print(){cout<<"Derivative:"<<x<<endl;}
};
void main()
{
    Foundation exam1(1);
    exam1.print();
    Derivative obj1(2);
    exam1=obj1;
    exam1.print();
    Derivative obj2(3);
    Foundation &exam2=obj2;
```

```
    exam2.print();
    Derivative  obj3(4);
    Foundation *exam3=&obj3;
    exam3->print();
    Derivative *obj4=new Derivative(5);
    Foundation* exam4=obj4;
    exam4->print();
    delete obj4;
}
```

程序的运行结果为：

```
Foundation:1
Foundation:2
Foundation:3
Foundation:4
Foundation:5
```

声明为基类对象的指针可以指向它的公有派生类对象，但是不允许指向它的私有派生对象。

声明为指向基类对象的指针，当它指向公有派生类对象时，只能直接访问派生类中从基类继承来的成员，而不能访问那些派生类中自己定义的成员；允许将一个声明为指向基类的指针指向其公有派生类的对象，但是不能将一个声明为指向派生类对象的指针指向其基类的一个对象。

5.5 程序举例

【实例 1】设计一个点 Cpoint 类和 CShape 类，分别派生直线 CLine 类和圆 CCircle 类，并利用该类生成一个圆并输出其颜色。

```
#include <iostream>
using namespace std;
class CPoint
{
public:
    CPoint(int x=0, int y=0)//初始化 CPoint 类
    {
        X=x;    Y=y;
        cout<<"调用类 CPoint 的构造函数"<<endl;
    }
    CPoint(CPoint &p)
    {X=p.X; Y=p.Y;}
    int GetX(){return X;}
    int GetY(){return Y;}
private:
    int X,Y;
};
class CShape
{
```

```
public:
    CShape(char *c)
    {
        strcpy(Color,c);
        cout<<"调用类 CShape 的构造函数"<<endl;
    }
    void Draw()
    {cout << "画出的图形的颜色是: " << Color << endl;}
    void PrintColor()
    {cout << Color << endl;}
private:
    char Color[10];
};
class CLine:public CShape
{
public:
    CLine(CPoint s, CPoint e, char *c):CShape(c),Start(s),End(e)
    {cout<<"调用类 CLine 的构造函数"<<endl;}
    void Draw()
    {
        cout << "线段的开始地址是(" << Start.GetX() << ", " << Start.GetY();
        cout << ") 结束地址是("<< End.GetX() << ", " << End.GetY() << ") ";
        cout<<"线段的颜色是: ";PrintColor();
    }
private:
    CPoint Start;
    CPoint End;
};
class CCircle:public CShape
{
public:
    CCircle(CPoint ctr, int r, char *c):CShape(c),Center(ctr)
    {Radius = r;}
    void Draw()
    {
        cout << "一个以中心为(" << Center.GetX() << ", " ;
        cout << Center.GetY()<< ") 半径为" << Radius <<"的圆 ";
        cout<<"线段的颜色是: ";PrintColor();
    }
private:
    CPoint Center;
    int Radius;
};
void main()
{
    CCircle a(CPoint(50,50),20,"Red");//创建并初始化 CCircle 类的对象 a
```

```
    a.Draw();
}
```

程序结果是：

调用类 CPoint 的构造函数
调用类 CShape 的构造函数
一个以中心为(50，50) 半径为 20 的圆 线段的颜色是：Red

说明：派生类 CCircle 构造函数的形参总表中共有 3 个形参：ctr、r、和*c，其中 ctr 作为基类 CPoint 的形参，用于初始化 CPoint 的坐标；r 作为基类 CLine 的形参，用于初始化 CLine 的起始和终止坐标；*c 作为类 CShape 的形参，用于初始化线段的颜色。

系统按照派生类定义中的顺序（在本例中是先 CPoint 后 CShape），依次调用基类构造函数，与构造函数的函数头中冒号后面的基类名排列顺序无关。

【实例 2】设计数组类实现简单的排序。

```
#include<iostream>
using namespace std;
class Array
{
public:
    Array(int l)
    {
        length=l;
        alist=new int[length];
    }
    ~Array()
    {delete []alist;}
    void input();
    void print();
protected:
    int *alist;
    int length;
};
void Array::input()
{
    cout<<"please input "<<length<<" datas"<<endl;
    for(int i=0;i<length;i++)
        cin>>alist[i];
}
void Array::print()
{
    cout<<"this array is:"<<endl;
    for(int i=0;i<length;i++)
        cout<<alist[i]<<endl;
}
class Sort:virtual public Array
{
public:
```

```
    Sort(int l):Array(l)
    {}
    void sort();
};
void Sort::sort()
{
    int temp;
    for(int i=0;i<length;i++)
        for(int j=i;j<length;j++)
            if(alist[i]>alist[j])   //由小到大排序
            {
                temp=alist[i];
                alist[i]=alist[j];
                alist[j]=temp;
            }
}
class Reverse:virtual public Array
{
public:
    Reverse(int l):Array(l)
    {}
    void reverse();
};
void Reverse::reverse()
{
    int temp;
    for(int i=0;i<length/2;i++)     //使数组值顺序逆转
    {
        temp=alist[i];
        alist[i]=alist[length-i-1];
        alist[length-i-1]=temp;
    }

}
class Average:virtual public Array
{
public:
    Average(int l):Array(l)
    {}
    void average();
};
void Average::average()
{
    int avg, sum=0;
    for(int i=0;i<length;i++)
        sum+=alist[i];
```

```
    if(length==0)
        avg=0;
    avg=sum/length;
    cout<<"the average is "<<avg<<endl;
}
class NewArray:public Sort, public Reverse, public Average
{
public:
    NewArray(int l):Array(l), Sort(l), Reverse(l), Average(l)
    {}
};
void main()
{
    NewArray a(3);
    a.input();
    a.sort();
    a.print();
    a.reverse();
    a.print();
    a.average();
}
```

说明：在这个例子中定义了一个基类 Array，用来存放一组整数，Sort、Reverse、Average 都继承自 Array，最后定义了一个 NewArray，同时继承了 Sort、Reverse 和 Average。

假如输入的三个数为：2，6，5，运行结果为：

```
Please input 3 datas
2 6 5
This array is:
2
5
6
This array is:
6
5
2
The average is 4
```

应该注意到在第二个输出中，结果并不是预想的 5，6，2。这是因为在对数组进行排序时已经更改了数组的值，使它变成了 2，5，6，因此逆转后的结果是 6，5，2。

本章小结

（1）通过继承实现了数据抽象基础上的代码重用。继承性反映了类的层次结构，并支持对事物从一般到特殊的描述。类的继承是新的类从已有类那里得到已有的特性。从已有的类产生新类的过程就是类的派生。

（2）继承方式包括 3 种：公有继承 public、私有继承 private、保护继承 protected.

（3）当创建派生类对象时，首先执行基类的构造函数，随后执行派生类的构造函数；当撤消派生类对象时，先执行派生类的析构函数，随后执行基类的析构函数。

（4）当派生类只有一个基类时，称这种派生方法为单基派生或单继承，当一个派生类具有多个基类时，这种派生方法称为多基派生或多继承。

（5）所谓赋值兼容规则是指在需要基类对象的任何地方都可以使用公有派生类的对象来替代。这样，公有派生类实际上就具备了基类的所有特性，凡基类能解决的问题，公有派生类也能解决。

习题 5

一、填空题

1．C++将类继承分为___（1）___和___（2）___两种。

2．派生类可以定义其________中不具备的数据和操作。

3．派生类构造函数的初始化列表中包含________。

4．在继承机制下，当对象消亡时，编译系统先执行___（1）___的析构函数，然后执行___（2）___的析构函数，最后执行___（3）___的析构函数。

5．设有以下类的定义：

```
class A                  class B: protected A      class C: private B
{  int  A1;              {    int b1;              {    int c1;
protected:  int A2;      protected: int b2;        protected: int c2;
public:   int A3;        public: int b3;           public: int c3;
};                       };                        };
```

请按访问权限写出派生类 C 中具有的成员。

私有成员：___（1）___

保护成员：___（2）___

公有成员：___（3）___

二、选择题

1．下列对派生类的描述中，错误的是（　）。

A．一个派生类可以作为另一个派生类的基类

B．派生类至少有一个基类

C．派生类的成员除了它自己的成员外，还包含它的基类成员

D．派生类中继承的基类成员的访问权限到派生类保持不变

2．派生类的对象对它的哪一类基类成员是可以访问的？（　）

A．公有继承的基类的公有成员　　B．公有继承的基类的保护成员

C．公有继承的基类的私有成员　　D．保护继承的基类的公有成员

3．多继承派生类构造函数构造对象时，被最先调用的是（　）。

A．派生类自己的构造函数　　B．虚基类的构造函数

C．非虚基类的构造函数　　　　D．派生类中子对象类的构造函数

4．设有基类定义：

```
class Cbase
{   private: int a;
    protected: int b;
    public: int c;
};
```

派生类采用（　）继承方式可以使成员变量 b 成为自己的私有成员。

A．私有　　　　B．保护

C．公有　　　　D．私有、保护、公有

5．下列的描述中，错误的是（　　）。

A．当创建派生类对象时，首先执行的是基类的构造函数

B．当撤消派生类对象时，首先执行的是派生类的构造函数

C．派生类不能继承基类中的构造函数和析构函数

D．基类的构造函数和析构函数可以被继承

三、程序设计题

1．建立一个基类 Building，用来存储一座楼房的层数、房间数以及它的总平方英尺数。建立派生类 Housing，继承 Building，并存储下面的内容：卧室和浴室的数量，另外，建立派生类 Office，继承 Building，并存储灭火器和电话的数目。然后，编制应用程序，建立住宅楼对象和办公楼对象，并输出它们的有关数据。

2. 参考实例 1 声明一个 Shape 基类，并由此派生出 Rectangle 和 Circle 类，二者都用 GetArea() 函数计算面积。如果再使用 Rectangle 类派生类 Square，应该怎样处理？

第 6 章　多态性和运算符重载

所谓多态性是指发出的消息被不同的对象接收时会产生完全不同的行为。多态性是面向对象程序设计的重要特性之一，多态性机制不仅增加了面向对象软件系统的灵活性，而且显著提高了软件的可重用性和可扩充性。C++中的多态性可以分为四类：参数多态、包含多态、重载多态和强制多态。运算符重载是对已有的运算符赋予多重含义，使同一个运算符作用于不同类型的数据导致不同类型的行为。

- 理解静态联编机制和动态联编机制
- 虚函数的使用
- 运算符重载函数的规则及其两种形式
- 单目运算符重载和双目运算符重载

6.1　多态性

正如本章导读中所说，多态性就是不同的对象收到相同的消息时，产生不同的动作。可以用一个名字定义不同的函数，这些函数执行不同但又类似的操作，从而可以使用相同的调用方式来调用这些具有不同功能的函数。例如，在一个程序中有很多求面积的行为，显然针对不同的参数类型和个数，可以写出很多不同名称的函数。例如要计算圆、长方形或正方形的面积等，参数的个数可能是一个、两个等，参数类型可能是整型或浮点型等。但事实上，这些函数的功能几乎是完全相同的。这时就可以利用多态性的特征，用统一的函数名来标识这些函数，就可达到用同一个的接口访问不同函数的目的。

6.1.1　通用多态和专用多态

C++中的多态性可以分为四类：参数多态、包含多态、重载多态和强制多态。前面两种统称为通用多态，而后面两种统称为专用多态。

参数多态与类属函数和类属类相关联，本书中讲到的函数模板和类模板就属于这种类型。由类模板实例化的各个类都有相同的操作，而操作对象的类型可以各不相同。同样地，由函数模板实例化的各个函数也都具有相同的操作，但这些函数的参数类型也是可以各不相同的。

包含多态是研究类族中定义于不同类中的同名成员函数的多态行为，主要是通过本章中要讲的虚函数来实现的。

重载多态包括函数重载、运算符重载等，前面讲的普通函数及类的成员函数的重载都属于这一类型。运算符重载会在以后的学习中学到。

强制多态是指将一个变元的类型加以变化，以符合一个函数或操作的要求。例如，加法运算符在进行浮点数与整型数相加时，要进行类型强制转换，要把整型数转换为浮点数之后再进行相加。

6.1.2 多态的实现

C++语言支持两种多态性：编译时的多态和运行时的多态。多态的实现和联编这一概念有关。所谓联编就是把函数名与函数体的程序代码连接在一起的过程。联编又可分为静态联编和动态联编。系统用实参与形参进行匹配，对于同名的重载函数便根据参数上的差异进行区分，然后进行联编，从而实现多态。

1. 静态联编

静态联编就是在编译阶段完成的联编。编译时的多态就是通过静态联编实现的。

2. 动态联编

动态联编就是在程序运行阶段完成的联编。

运行时的多态就是用动态联编来完成的，当程序调用到某一函数名时，才去寻找和连接其程序代码。对面向对象程序而言，就是当对象接收到某一消息时，才去寻找和连接相应的方法。

静态联编要求在程序编译时就知道调用函数的全部信息，因此，这种联编类型的函数调用速度很快，效率很高，但缺乏灵活性；动态联编则恰好相反，采用动态联编时，一直要到程序运行时才能确定调用哪个函数，它降低了程序的运行效率，但提高了程序的灵活性。纯粹的面向对象程序语言因为其执行机制是消息传递，所以只能采用动态联编的方式。这就给基于 C 语言的 C++带来了麻烦。为了保持 C 语言的高效性，C++仍是编译型的，仍采用静态联编。

好在 C++的设计者想出了“虚函数”机制，利用虚函数机制，C++可部分地采用动态联编。也就是说，C++实际上是采用了静态联编和动态联编相结合的联编方法。运行时的多态性主要是通过虚函数来实现的。

6.2 虚函数

虚函数允许函数调用与函数体之间的联系在运行时才建立，即在运行时才决定如何动作，这也就是所谓的动态联编。

【例 6.1】 虚函数的引例。

```
#include<iostream>
using namespace std;
class Abase
{
public:
    void print()
        {cout<<"Hello!";}
```

```
};
class Aderived:public Abase
{
public:
    void print()
      {cout<<"My name is Lisa."<<endl;}
};
void main()
{
   Abase obj1,*p;
   Aderived obj2;
   p=&obj1;
   p->print();
   p=&obj2;
   p->print();
}
```

这个程序的运行结果是：Hello! Hello!，而不是预想的：Hello! My name is Lisa.，这种出入是由 C++的静态联编机制造成的。静态联编机制首先将指向基类对象的指针 p 与基类的成员函数 print()连接在一起，这样，无论指针 p 再指向哪个对象，p->print()调用的总是基类的成员函数 print()。为了解决这一问题，C++引入了虚函数机制。如果在基类 Abase 中把成员函数 print()说明为虚函数，则会有不同的结果。

【例 6.2】继承时使用虚函数。

```
#include<iostream>
using namespace std;
class Abase
{
public:
   virtual void print()
      {cout<<"Hello!";}
};
class Aderived:public Abase
{
public:
    void print()
      {cout<<"My name is Lisa."<<endl;}
};
void main()
{
   Abase obj1,*p;
   Aderived obj2;
   p=&obj1;
   p->print();
   p=&obj2;
   p->print();
}
```

输出结果为：

```
Hello! My name is Lisa.
```

6.2.1 虚函数的作用和定义

1. 虚函数的作用

虚函数首先是基类中的成员函数，在这个成员函数前面缀上关键字 virtual，并在派生类中被重载。虚函数与派生类的结合可使 C++支持运行时的多态性，而多态性对面向对象的程序设计又是非常重要的，实现了在基类定义派生类所拥有的通用接口，而在派生类定义具体的实现方法，即通常所说的“同一接口，多种方法”，它能帮助程序员处理越来越复杂的程序。

2. 虚函数的定义

虚函数的定义是在基类中进行的，它是在需要定义为虚函数的成员函数的声明中冠以关键字 virtual，并要在派生类中重新定义。所以虚函数为它的派生类提供了一个公共界面，而派生类对虚函数的重定义则指明函数的具体操作。在基类中的某个成员函数被声明为虚函数后，此虚函数就可以在一个或多个派生类中被重新定义。在派生类中重新定义时，其函数原型包括返回类型、函数名、参数个数、参数类型的顺序等都必须与基类中的原型完全相同。

虚函数定义的一般格式为：

virtual 函数类型 函数名（形参表）
{
函数体
}

【例 6.3】虚函数的定义举例。

```
#include<iostream>
using namespace std;
class A
{
  public:
      virtual void print()    //基类的虚函数 print()
        {cout<<"This is print A"<<endl;}
};
class B:public A          //公有继承 A
{
   public:
      void print()          //B 中的 print()（实际在 B 中它也为虚函数）
        {cout<<" This is print B"<<endl;}
};
class C:public B           //公有继承 B
{
  public:
      void print()                  //C 中的 print()（实际在 C 中它也为虚函数）
        {cout<<" This is print C"<<endl;}
};
void main()
{
```

```
        A a,*p;      //定义各对象
        B b;
        C c;
        p=&a;       //这里体现了虚函数带来的多态性
        p->print();
        p=&b;
        p->print();
        p=&c;
        p->print();
}
```

程序的运行结果是：

```
This is print A
This is print B
This is print C
```

说明：上面的例子有两层继承关系，类 B 继承类 A，再派生类 C。读者应该发现程序只在基类 A 中定义了 print()为虚函数，但实际上 B 中的 print()函数也是虚函数。

如果在派生类中的函数满足以下三个条件则可以判断该函数是虚函数：

（1）该函数与基类的虚函数有相同的名称。

（2）该函数与基类的虚函数有相同的参数个数及相同的对应参数类型。

（3）该函数与基类的虚函数有相同的返回类型或者满足赋值兼容规则的指针、引用型。

3. 虚函数说明

（1）派生类应该从它的基类公有派生。一个虚函数无论被公有继承多少次，它仍然保持虚函数的特性。

（2）必须首先在基类中定义虚函数。在实际应用中，应该在类等级内需要具有动态多态性的几个层次中的最高层类内首先声明虚函数。

（3）在派生类对基类声明的虚函数进行重定义时，关键字 virtual 可以写也可以不写。但在容易引起混乱的情况下，最好在对派生类的虚函数进行重定义时也加上关键字 virtual。

（4）使用对象名和点运算符的方式也可以调用虚函数，但这在编译时进行的是静态联编，它没有充分利用虚函数的特性。只有通过基类指针访问虚函数时才能获得运行时的多态性。

（5）虚函数必须是其所在类的成员函数，而不能是友元函数，也不能是静态成员函数，因为虚函数调用要靠特定对象来激活对应的函数，但是虚函数可以在另一个类中被声明为友元函数。

（6）内联函数不能是虚函数，因为内联函数是不能在运行时动态确定其位置的。即使虚函数是在类的内部定义，编译时仍将其看作是非内联的。构造函数不能是虚函数，因为虚函数作为运行过程中多态的基础，主要是针对对象的，而构造函数是在对象产生之前运行的，所以虚构造函数是没有意义的。析构函数可以是虚函数，而且通常被声明为虚函数。

6.2.2　虚析构函数

虚析构函数的声明方法为：

virtual ~类名();

如果一个类的析构函数是虚函数，由它派生而来的所有派生类的析构函数不管是否用

virtual 进行说明也是虚析构函数。析构函数被声明为虚函数后，在使用指针引用时可以动态联编，实现运行时的多态，保证使用时基类类型的指针能够调用适当的析构函数针对不同的对象进行清理工作。

【例 6.4】虚析构函数举例。

```
#include<iostream >
using namespace std;
class A
{
  public:
       virtual  ~A()           //A 的虚函数
          {cout<<"this is A"<<endl;}
};
class B:public A
{
  public:
    virtual ~B()               //B 的虚函数
        {cout<<"this is B"<<endl;}
};
class C:public B
{
  public:
    virtual ~C()//C 的虚函数
        {cout<<"this is C"<<endl;}
};
void main()
{
   A  *p;
   p=new C;
   delete p;
}
```

程序的运行结果如下：

```
this is C
this is B
this is A
```

如果类 A 中的析构函数不用虚函数，则运行的结果是：

```
this is A
```

因为实施多态性是通过将基类的指针指向派生类的对象，如果删除该指针，就会调用该指针指向的派生类的析构函数，而派生类的析构函数又自动调用基类的析构函数，这样整个派生类的对象就会被完全释放。

6.2.3 虚函数与重载函数的关系

在一个派生类中重新定义基类的虚函数其实是函数重载的一种形式，但它又不同于普通的函数重载。普通的函数重载时，其函数的参数或参数类型必须有所不同，函数的返回类型也可以不同。但是，当重载一个虚函数时，即当在派生类中重新定义虚函数时，要求函数名、参数个数、参数类型和顺序及返回类型与基类中的虚函数原型完全相同。如果返回类型不同，其余均相同，系统会给出错误信息；如果函数名相同，而参数个数、类型或顺序不同，系统将会把它作为普通的函数重载，这样将会丢失虚函数的特性。

6.2.4　多继承与虚函数

多继承可以看成多个单继承的组合。

【例 6.5】多继承情况下的虚函数的调用。

```
#include<iostream>
using namespace std;
class A
{
  public:
      virtual void show()        //定义虚函数 show
        {cout<<"this is A"<<endl;}
};
class B
{
  public:
      void show()                 //此处不是虚函数
        {cout<<"this is B"<<endl;}
};
class C:public A,public B
{
  public:
      void show()
        {cout<<"this is C"<<endl;}
};
void main()
{
   A  a,*p1;
   B  *p2;
   C c;
   p1=&a;          //指针 p1 指向对象 a
   p1->show();     //调用基类 A 的 show()
   p1=&c;          //指针 p1 指向对象 c，此处实现了多态性
   p1->show();     //此处 show()为虚函数，调用派生类 C 中的 show()
   p2=&c;          //指针 p2 指向对象 c
   p2->show();     //此处 show()不是虚函数，而 p2 又是 B 的指针，因此调用派生类 B
                   //中的 show()
}
```

程序的运行结果如下：

```
this is A
this is C
this is B
```

6.3 纯虚函数和抽象类

6.3.1 纯虚函数

在前面讲过，虚函数为派生类提供了一个公共的界面，派生类对虚函数的重定义则指明函数的具体操作。但在许多情况下，基类只是一个框架，它并没有虚函数功能的定义，而是希望所有的派生类都自己给出函数的定义。为处理这种要求，C++用与虚函数紧密相关的概念——纯虚函数来实现。

纯虚函数是一个在基类中说明的虚函数，但它在基类中没有定义。

纯虚函数的声明格式如下：

virtual 函数类型 函数名（参数表）=0;

这种格式与一般的虚函数说明格式相比，纯虚函数被声明为“=0”，即在该类中没有该虚函数的函数体，或说其函数体为空。

纯虚函数是虚函数的特殊形式，对它的调用也是通过动态联编来实现的，不同的是纯虚函数在基类中完全是空的，调用的总是派生类中的定义。

【例 6.6】纯虚函数的举例。

```
#include<iostream>
using namespace std;
const double PI=3.142;           //定义常量 PI
class shape
{
public:
    virtual double getarea()=0; //纯虚函数
    virtual void print()=0;     //纯虚函数
} ;
class rectangle:public shape     //矩形类继承虚基类 shape
{
public:
    rectangle()                  //无参数的构造函数，初始化
   {x=y=0;}
    rectangle(double x1,double y1)      //带参数的构造函数，初始化
        {x=x1;y=y1;}
    double getarea();          //重新定义虚基类的 getarea()
    void print();              //重新定义虚基类的 print()
private:
    double x,y;
};
class circle:public shape    //圆类继承虚函数 shape
{
public:
    circle()                   //无参数的构造函数
        {r=0;}
```

```
    circle(double r1)        //有参数的构造函数，是函数的重载
        {r=r1;}
    double getarea();        //重新定义虚基类的 getarea()
    void print();            //重新定义虚基类的 print()
private:
    double r;
};
double rectangle::getarea()  //rectangle 类对 getarea 定义
{return x*y;}
void rectangle::print()          //rectangle 类对 print 定义
{
    cout<<"x="<<x<<" y="<<y<<endl;
}
double circle::getarea()     //circle 类对 getarea 定义
   {return PI*r*r;}
void circle::print()         //circle 类对 print 定义
{
    cout<<"r="<<r<<endl;
}

void main()
{
    rectangle rect(6,8);     //定义矩形对象
    rect.print();            //打印长宽
    cout<<"the area of rectangle is:"<< rect.getarea()<<endl; //输出其面积
    circle cir(10);          //定义圆的对象
    cir.print();             //打印半径
    cout<<"the area of circle is:"<<cir.getarea()<<endl;      //输出其面积
}
```

程序的运行结果如下：

```
x=6 y=8
the area of rectangle is:48
r=10
the area of circle is:314.2
```

6.3.2　抽象类

如果一个类至少有一个纯虚函数，就称该类为抽象类。例 6.6 程序中定义的类 shape 就是一个抽象类。对于抽象类的使用有以下几点规定：

（1）由于抽象类中至少包含一个没有定义功能的纯虚函数，因此，抽象类只能作为其他类的基类使用，不能建立抽象类对象，其纯虚函数的实现由派生类给出。

（2）抽象类不能用作参数类型、返回类型或显式转换的类型。

（3）不允许从具体类派生抽象类。所谓具体类，就是不包含纯虚函数的普通类。

（4）可以声明指向抽象类的指针或引用，此指针可以指向它的派生类，进而实现多态性。

（5）如果派生类中没有重定义纯虚函数，而派生类只是继承基类的纯虚函数，则这个派

生类仍然是一个抽象类。如果派生类中给出了基类纯虚函数的实现，该派生类就不再是抽象类了，它就是一个可以建立对象的具体类了。

（6）类中也可以定义普通成员函数或虚函数，虽然不能为抽象类声明对象，但仍然可以通过派生类对象来调用这些不是纯虚函数的函数。

6.4 运算符重载

C++中预定义的运算符的操作对象只能是基本数据类型。但实际上，对于许多用户自定义类型（例如类），也需要类似的运算操作。这时就必须在C++中重新定义这些运算符，赋予已有运算符新的功能，使它能够用于特定类型执行特定的操作。运算符重载的实质是函数重载，它提供了C++的可扩展性，也是C++最吸引人的特性之一。

6.4.1 运算符重载概述

重载是面向对象设计的重要特征，运算符重载是对已有的运算符赋予多重含义，使用同一个运算符作用于不同类型的数据导致不同的行为。C++中经重载后的运算符能直接对用户自定义的数据进行操作运算，这就是 C++语言中的运算符重载所提供的功能。运算符重载进一步提高了面向对象的灵活性、可扩充性和可读性。

例如要求两个复数的相加，则定义一个复数类 complex：

```
class  complex {
public:
    double  real,imag;
    complex(double r=0,double i=0)
       {    real=r; imag=i;}
};
```


如果想实现把类 complex 的两个对象 com1 和 com2 加在一起，下面的语句不能实现该功能：

```
main()
{
   complex  com1(1.2,2.3),com2(3.4,4.5),total;
   total=com1+com2;        //错误，不能实现两个对象相加
   //…
   return 0;
}
```

无法实现的原因是 complex 类是用户自己定义的数据类型，而不是预定义的基本类型，C++知道如何将两个 int、float 型数据相加，知道怎样把两个不同数据类型的数据相加，但 C++无法直接将两个 complex 类对象相加。

C++提供了一种运算符重载方法，实现两个自定义数据类型的相加。实现这一功能首先要进行运算符的重载定义。实现方法是在关键字 operator 后随一个要重载的运算符。例如，要将上述类 complex 的两个对象相加，只要编写一个运算符函数 operator+()，如下所示：

```
complex operator+(complex om1,complex om2)
{
```

```
    complex  temp;
    temp.real=om1.real+om2.real;
    temp.imag=om1.imag+om2.imag;
    return  temp;
}
```

这样就能方便地使用语句“total=com1+com2;”来实现两个 complex 类对象的相加。在程序中也可以使用“total=operator+(com1,com2);”语句来实现两个 complex 类对象的相加。

6.4.2　运算符重载规则

C++语言对运算符重载制定了以下一些规则：

（1）运算符重载是针对新类型数据的实际需要，对原有运算符进行适当的改造完成的，一般来讲，重载的功能应当与原有的功能相类似。

（2）C++中只重载原先已有定义的运算符，程序员不能臆造新的运算符来扩充 C++语言。

（3）在 ANSI C++中几乎所有的运算符都可以被重载，其中包括：

算术运算符：+ 、- 、* 、/ 、% 、++ 、--

位操作运算符：& 、| 、~ 、^、<< 、>>

逻辑运算符： ! 、&& 、||

比较运算符： < 、> 、 <= 、>= 、== 、!=

赋值运算符：= 、+= 、-= 、*= 、/= 、%= 、&= 、|= 、^= 、<<= 、>>=

其他运算符：[] 、 () 、-> 、, 、new 、delete 、->*

以下 4 个运算符不能重载：类属关系运算符“.”、成员指针运算符“*”、作用域分辨符“::”和三目运算符“?:”。

（4）不能改变运算符的操作数个数；不能改变运算符原有的优先级和结合特性。

（5）不能改变运算符对预定义类型数据的操作方式。

6.5　运算符重载函数的形式

运算符重载有两种形式，把运算符重载函数定义成某个类的友元函数，称为友元运算符函数；把运算符函数定义成某个类的成员函数，称为成员运算符函数。

6.5.1　成员运算符函数

1．成员运算符函数定义的语法形式

成员运算符函数的原型在类的内部声明格式为：

```
class A {
    //…
返回类型 operator 运算符(形参表);
  //…
}
```

在类外定义成员运算符函数的格式为：

返回类型 A::operator 运算符(形参表)

{
    函数体
}

A 是重载此运算符的类名，返回类型指定了运算符重载函数的运算结果类型；operator 是定义运算符重载函数的关键字；运算符是要重载的运算符名称；形参表中给出重载运算符所需要的参数和类型。

注意：在成员运算符函数的形参表中，若运算符是单目的则形参表为空；若运算符是双目的则形参表中有一个操作数。

2. 双目运算符重载

对于双目运算符，成员运算符函数的形参表中仅有一个参数，它作为运算符的右操作数，当前对象作为运算符的左操作数，它是通过 this 指针隐含地传递给函数的。

【例 6.7】双目成员运算符重载对分数运算。

```
#include<iostream>
using namespace std;
class CFraction
{
public:
    CFraction(){nNume=0;nDeno=1;}          //无参数构造函数
    CFraction(long m,long n)               //带参数的构造函数
    {nNume=m;nDeno=n;}
    void display();                        //输出
    long gcd(long m1,long m2);             //求最大公倍数
    void remove();                         //约分函数
    CFraction operator +(CFraction f);     //分数加法
    CFraction operator -(CFraction f);     //分数相减
    CFraction operator *(CFraction f);     //分数相乘
    CFraction operator /(CFraction f);     //分数相除
private:
    long nNume;
    long nDeno;
};
long CFraction::gcd(long m1,long m2)      //最大公倍数函数
{
     while(m2)
     {
        long m= m1;
        m1=m2;
        m2=m%m2;
     }
     return labs(m1);
}
void CFraction::display()         //打印
{
```

```
    remove();                          //约分
    if((nNume<0&&nDeno<0)||(nNume>0&&nDeno<0))    //只有两种情况
    {    //(1.分子分母都为负数 2.分子为正，分母为负)需要分子分母的符号都改变
        nNume=-nNume;
        nDeno=-nDeno;
    }
    cout<<nNume<<'/'<<nDeno<<endl;
}
void CFraction::remove()               //约分
{
    int m=1;
    m=gcd(nNume,nDeno);
    nNume/=m;
    nDeno/=m;
}
CFraction CFraction::operator +(CFraction f)    //分数相加
{
    CFraction fract;
    fract.nDeno=nDeno*f.nDeno;
    fract.nNume=nNume*f.nDeno+f.nNume*nDeno;
    return fract;
}
CFraction CFraction::operator -(CFraction f)    //分数相减
{
    CFraction fract;
    fract.nDeno=nDeno*f.nDeno;
    fract.nNume=nNume*f.nDeno-f.nNume*nDeno;
    return fract;
}
CFraction CFraction::operator *(CFraction f)    //分数相乘
{
    CFraction fract;
    fract.nDeno=nDeno*f.nDeno;
    fract.nNume=nNume*f.nNume;
    return fract;
}
CFraction CFraction::operator /(CFraction f)    //分数相除
{
    CFraction fract;
    fract.nDeno=nDeno*f.nNume;
    fract.nNume=nNume*f.nDeno;
    return fract;
}
int main()
{
```

```
    CFraction frace1(6,9),frace2(-12,60),sum;    //定义三个分数对象
    sum=frace1+frace2;
    sum.display();
    sum=frace1-frace2;
    sum.display();
    sum=frace1*frace2;
    sum.display();
    sum=frace1/frace2;
    sum.display();
    return 0;
}
```

程序运行结果为：

```
7/15
13/15
-2/15
-10/3
```

主函数 main()中的语句：

```
sum=frace1+frace2;
sum=frace1-frace2;
sum=frace1*frace2;
sum=frace1/frace2;
```


所用的运算符“+”、“-”、“*”、“/”是重载后的运算符。程序执行到这 4 条语句时，C++将其解释为：

```
sum= frace1.operator+( frace2);
sum= frace1.operator-( frace2);
sum= frace1.operator*( frace2);
sum= frace1.operator/( frace2);
```

由此可见，成员运算符 operator@实际上是由双目运算符左边的对象 frace1 调用的，尽管双目运算符函数的参数表只有一个操作数 frace2，但另一个操作数是由对象 frace1 通过 this 指针隐含地传递的。

一般而言，如果在类 X 中采用成员函数重载双目运算符@，成员运算符函数 operator@ 所需的一个操作数由对象 a1 通过 this 指针隐含地传递，它的另一个操作数 b1 在参数表中显示，a1 和 b1 是类 X 的两个对象，则以下两种函数调用方法是等价的：

```
a1 @ b1;                // 隐式调用
a1.operator @(b1);         // 显式调用
```

3. 单目运算符重载

对单目运算符而言，成员运算符函数的参数表中没有参数，此时当前对象作为运算符的操作数。

【例 6.8】

```
#include<iostream>
using namespace std;
class AddSelf1
```

```
{
public:
    AddSelf1(int i=0,int j=0);      //默认参数的构造函数
    void print();//打印
    AddSelf1 operator ++();         //成员函数自身加加
private:
    int x,y;
};
AddSelf1::AddSelf1(int i,int j)     //默认参数的构造函数
{x=i;y=j;}
void AddSelf1::print()              //输出
{cout<<" x: "<<x<<", y: "<<y<<endl;}
AddSelf1 AddSelf1::operator ++ ()   //成员函数自身加加
{
    ++x;
    ++y;
    return *this;
}
int main()
{
    AddSelf1 ob(10,20);             //定义对象
    ob.print();
    ++ob;                           //自身加加，隐性调用
    ob.print();
    ob.operator ++();               //自身加加，显性调用
    ob.print();
    return 0;
}
```

程序运行结果为：

```
x: 10 , y: 20
x: 11 , y: 21
x: 12 , y: 22
```

由于所有的成员函数都有一个 this 指针，this 指针是指向对象的指针，因此任何对对象私有数据的修改都将会影响实际调用运算符函数的对象。

本例主函数 main()中调用成员函数 operator++()的两种方式：++ob;与 ob.operator++();是等价的。

一般而言，采用成员函数重载单目运算符时，以下两种方法是等价的：

```
@aa;                //隐式调用
aa.operator@();     //显式调用
```

成员运算符函数 operator @所需的操作数由对象 aa 通过 this 指针隐含地传递。因此，在它的参数表中没有参数。

6.5.2　友元运算符函数

1. 友元运算符函数定义的语法形式

友元运算符函数的原型在类的内部声明格式为：

```
class A {
    //…
friend 返回类型 operator 运算符(形参表);
    //…
}
```

在类外定义友元运算符函数的格式为：

```
返回类型 operator 运算符(形参表)
{
    函数体
}
```

A 是重载此运算符的类名，返回类型指定了友元运算符函数的运算结果类型；operator 是定义重载运算符函数的关键字；运算符就是要重载的运算符名称，但是必须是 C++中可重载的运算符；形参表给出重载运算符所需要的参数和类型；关键字 friend 表明这是一个友元运算符函数。

同友元函数一样，友元运算符函数也不是该类的成员函数，在类外定义时也不需要缀上类名。由于没有 this 指针，若友元运算符函数重载的是双目运算符，则参数表汇总有两个操作数；若重载的是单目运算符，则参数表中只有一个操作数。

2. 双目运算符重载

两个复数 a+bi 和 c+di 进行乘、除的方法为：

乘法：(a+bi)*(c+di)=(ac-bd)+(ad+bc)i

除法：$(a+bi)/(c+di)=((a+bi)*(c-di))/(c^2+d^2)$

C++中要实现复数的乘、除运算，可由定义两个友元运算符函数，通过重载*、/运算符来实现。当用友元函数重载双目运算符时，两个操作数都要传递给运算符函数。

【例 6.9】

```
#include<iostream>
using namespace std;
class complex                                //定义复数类
{
public:
    complex(double r=0.0,double i=0.0); //带默认参数的构造函数
    void print();                            //打印
    friend complex operator *(complex a,complex b);      //复数的乘法
    friend complex operator /(complex a,complex b);      //复数的除法
public:                                      //复数的实部与虚部
    double real;
    double imag;
};
complex:: complex(double r,double i)         //带默认参数的构造函数
    {real=r;imag=i;}
complex operator *(complex a,complex b)      //复数乘法（友元函数）
{
    complex temp;
    temp.real=a.real*b.real-a.imag*b.imag;
```

```
    temp.imag=a.real*b.imag+a.imag*b.real;
    return temp;
}
complex operator /(complex a,complex b)   //复数除法（友元函数）
{
    complex temp;
    double t;
    t=1/(b.real*b.real+b.imag*b.imag);
    temp.real=(a.real*b.real+a.imag*b.imag)*t;
    temp.imag=(b.real*a.imag-a.real*b.imag)*t;
    return temp;
}
void complex:: print()                    //打印函数
{
    cout<<real;
    if(imag>0) cout<<"+";
    if(imag!=0) cout<<imag<<"i\n";
}
int main()
{
   complex A1(1.2,3.4),A2(5.6,7.8), A3,A4    //定义四个复数对象
   //复数的运算
   A3=A1*A2;
   A4=A1/A2;
   A1.print();
   A2.print();
   A3.print();
   A4.print();
   return 0;
}
```

程序运行结果为：

```
1.2+3.4i
5.6+7.8i
-19.8+28.4i
0.360521+0.104989i
```

在主函数 main()中的语句“A3=A1*A2;A4=A1/A2;”所用的运算符 “*”、“/”是重载后的运算符。实际上程序执行到这两条语句时，C++将其解释为：

```
A3=operator*(A1,A2);
A4=operator/(A1,A2);
```

一般而言，如果在类 X 中采用友元函数重载双目运算符@，而 a1 和 b1 是类 X 的两个对象，则以下两种函数的调用方式是等价的：

```
a1@b1;            //隐式调用
operator@(a1,b1);    //显式调用
```

在函数返回的时候，可以直接用类的构造函数来生成一个临时对象，而不对该对象进行命名，如上例重载运算“*”的程序片段：

```
complex operator *(complex a,complex b)      //复数乘法（友元函数）
{
    complex temp;
    temp.real=a.real*b.real-a.imag*b.imag;
    temp.imag=a.real*b.imag+a.imag*b.real;
    return temp;
}
```

可以改为：

```
complex operator *(complex a,complex b)
{
   return complex(a.real*b.real-a.imag*b.imag, a.real*b.imag+a.imag*b.real);
}
```

语句 return complex(a.real*b.real-a.imag*b.imag, a.real*b.imag+a.imag*b.real);中就调用了类 complex 的构造函数生成了一个无名的临时对象。它的定义是“创建一个临时的对象并返回它”。这两种方法的执行效率是完全不同的。在例 6.9 中创建一个局部变量 temp，执行 return 语句时会调用拷贝构造函数，把 temp 的值拷贝到主调函数的一个无名对象中。当函数 operator *()结束时，会调用析构函数析构对象 temp，然后 temp 消失。新的方法是直接将一个无名临时对象创建到主调函数中，效率比较高。

3. 单目运算符重载

用友元函数重载单目运算符时，需要一个显式的操作数。

【例 6.10】用友元函数重载单目运算符“-”。


```
#include<iostream>
using namespace std;
class AB
{
public:
    AB(int x=0,int y=0)                //默认参数的构造函数
    {a=x;b=y;}
    friend AB operator-(AB obj);           //友元的对符号的重载
    void print();                      //打印
private:
    int a,b;
};
AB operator-(AB obj)                   //友元的对符号的重载
{
    obj.a=-obj.a;
    obj.b=-obj.b;
    return obj;
}
void AB::print()
{cout<<"a="<<a<<" b="<<b<<endl;}
int main()
{
    AB ob1(10,20),ob2;             //定义对象
```

```
    ob1.print();
    ob2=-ob1;              //调用友元的构造函数
    ob2.print();
    return 0;
}
```

程序运行结果为：

```
A=10 b=20
A=-10 b=-20
```

当使用友元函数重载“++”、“--”这样的运算符时，可能会出现一些问题，看下面的例子：

【例 6.11】

```
#include<iostream>
using namespace std;
class Add{
public:
    Add(int i=0,int j=0);                 //构造函数
    void print();                         //打印
    friend Add operator ++(Add op);       //友元重载
private:
    int x,y;
};
Add::Add(int i,int j)                     //构造函数
{
    x=i;
    y=j;
}
void Add::print()              //打印
{
    cout<<" x: "<<x<<" , y: "<<y<<endl;
}
Add operator ++(Add op)        //友元重载
{
    ++op.x;
    ++op.y;
    return op;
}
int main()
{
    Add ob(10,20);             //定义自加对象
    ob.print();
    operator++(ob);            //显式调用"++"
    ob.print();
    ++ob;                      //隐式调用"++"
    ob.print();
    return 0;
}
```

程序运行结果为：

```
x: 10 , y: 20
x: 10 , y: 20
x: 10 , y: 20
```

而我们希望得到的结果是：

```
x: 10 , y: 20
x: 11 , y: 21
x: 12 , y: 22
```

是什么引起的这种错误呢？原因在于友元函数没有 this 指针，所以不能引用 this 指针所指的对象。这个函数是采用对象参数通过传值的方法传递参数的，函数体内对 op 的所有修改都无法传到函数体外。因此，在 oprator++()函数中，任何内容的改变不会影响产生调用的操作数，也就是说，实际上对象 x 和 y 并未增加，而运算符++的原意是改变操作数自身的值，因此造成了错误。

为了解决以上问题，使用友元函数重载单目运算符“++”时，采用引用参数传递操作数来保持运算符“++”的原意。看下面的例 6.12 的例子：

【例 6.12】

```
#include<iostream>
using namespace std;
class AddSelf
{
public:
    AddSelf(int i=0, int j=0);                          //构造函数
    void print();//打印
    friend AddSelf operator ++(AddSelf &op);    //自身引用的构造函数（友元函数）
private:
    int x,y;
};
AddSelf:: AddSelf(int i,int j)                          //构造函数
{
    x=i;
    y=j;
}
void AddSelf:: print()                                  //打印
{
    cout<<" x: "<<x<<" y, "<<y<<endl;
}
AddSelf operator ++(AddSelf &op)                        //自身引用的构造函数（友元函数）
{
    ++op.x;
    ++op.y;
    return op;
}
int main()
{
    AddSelf ob(10,20);              //定义对象
    ob.print();
```

```
    ++ob;                        //隐性调用
    ob.print();
    operator ++(ob);             //显性调用
    ob.print();
    return 0;
}
```

程序运行结果为：

```
x: 10 , y: 20
x: 11 , y: 21
x: 12 , y: 22
```

一般而言，如果在类 X 中采用友元函数重载单目运算符@，而 a1 是类 X 的对象，则以下两种函数调用方法是等价的：

```
@a1;                         //隐式调用
operator@(a1);               //显式调用
```

说明：

（1）在重载运算符时，运算符函数所做的操作不一定要保持 C++中该运算符原有的含义，如可以将加运算符重载成减操作，但这样容易造成混乱。

（2）运算符重载函数 operator@()可以返回任何类型，甚至可以是 void 类型，但通常返回类型与它所操作的类的类型相同，这样可使重载运算符用在复杂的表达式中。

（3）不能用友元函数重载的运算符是：=，()，[]，->。

（4）C++编译器根据参数的个数和类型来决定调用哪个重载函数。因此，可以为同一个运算符定义几个运算符重载函数来进行不同的操作。

（5）C++中，用户不能定义新的运算符，只能从已有的运算符中选择一个恰当的运算符重载。

6.5.3　成员运算符函数与友元运算符函数的比较

（1）对双目运算符而言，成员运算符函数带有一个参数，而友元运算符函数带有两个参数；对单目运算符而言，成员运算符函数不带参数，而友元运算符函数带一个参数。

（2）C++的大部分运算符既可说明为成员运算符函数，又可说明为友元运算符函数。究竟选择哪一种运算符好一些，没有定论，这主要取决于实际情况和程序员的习惯。

（3）成员运算符函数和友元运算符函数可以用习惯方式调用，也可以用它们专用的方式调用。它们的调用方式如表 6-1 所示。

表 6-1　运算符函数调用形式

习惯形式	友元运算符函数调用形式	成员运算符函数调用形式
a+b	operator+(a,b)	a.operator+(b)
-a	operator-(a)	a.operator-()
A++	operator++(a)	a.operator++()

（4）双目运算符一般可以被重载为友元运算符函数或成员运算符函数，但有一种情况，必须使用友元函数。

例如，在类 ab 中，用成员运算符重载“+”运算符：

```
ab:: operator+(int x)
{
   ab temp;
   temp.a=a+x;
   temp.b=b+x;
   return temp;
}
```

若类 ab 的对象 ob 要做赋值和加法运算，以下是一条正确的语句：

```
ob=ob+100;
```

由于对象 ob 是运算符“+”的左操作数，所以它调用了“+”运算符重载函数，把一个整数加到了对象 ob 的某些元素上去。然而，下一条语句就不能工作了：

```
ob=100+ob;
```

不能工作的原因是运算符的左操作数是一个整数，而整数是一个内部数据类型，100 不能产生对成员运算符的调用。

如果用两个友元函数来重载运算符函数“+”，就能消除由于运算符“+”的左操作数是内部数据类型而带来的问题，这样，两个参数都显式地传递给运算符函数，可以像别的重载函数一样调用。用友元运算符函数来重载运算符“+”使得内部数据类型能出现在运算符的左边。

来看下面的例子。

【例 6.13】

```
#include<iostream>
using namespace std;
class AB
{
public:
    AB(int i=0,int j=0);                 //构造函数
    void show();//打印函数
    friend AB operator  +(AB ob,int x); //对象加常数（AB+45）
    friend AB operator  +(int x,AB ob); //常数加对象（45+AB）
private:
    int a,b;
};
AB::AB(int i,int j)                      //构造函数
{
    a=i;
    b=j;
}
AB operator +(AB ob,int x)               //对象加常数（AB+45）
{
    AB temp;
    temp.a=ob.a+x;
    temp.b=ob.b+x;
    return temp;
}
```

```
AB operator +(int x,AB ob)          //常数加对象(45+AB)
{
    AB temp;
    temp.a=x+ob.a;
    temp.b=x+ob.b;
    return temp;
}

void AB::show()                     //打印函数
{
    cout<<" a: "<<a<<" , b: "<<b<<endl;
}
int main()
{
    AB ob1(50,60),ob2;
    ob2=ob1+20;                     //对象加常数（AB+20）
    ob2.show();
    ob2=40+ob1;                     //常数加对象（20+AB）
    ob2.show();
    return 0;
}
```

程序运行结果为：

```
a=70 b=80
a=90 b=100
```


6.6　程序举例

【实例 1】设计一个 CPoint 点类和 CShape 类，然后从 CShape 派生直线 CLine 和圆 CCircle；请利用本章讲到的虚函数、虚基类设计该程序，绘制出带颜色的直线和圆。

分析：本例可使用 CPoint 类的实例作为圆的圆心和直线的两个端点，重点是设计含有纯虚函数的 CShape 类，实现对直线 CLine 和圆 CCircle 两个派生类的操作。

```
#include <iostream>
#include <string.h>
using namespace std;
class CPoint                    //点类
{
private:
    int X;
    int Y;
public:
      CPoint(int x=0, int y=0) //带默认参数的构造函数
    {
       X=x;
       Y=y;
    }
```

```
        CPoint(CPoint  &p)    //拷贝构造函数
      {
        X=p.X;
        Y=p.Y;
      }
        int GetX()            //得到横坐标 X
      {
        return X;
      }
        int GetY()            //得到纵坐标 Y
      {
        return Y;
      }
  };
  class CShape                //虚基类
  {
  private:
      char Color[10];        //颜色值
  public:
      CShape(char *c)        //构造函数
      {
        strcpy(Color,c);
      }
      virtual void Draw() = 0;     //纯虚函数
      void PrintColor()            //打印颜色
      {
         cout << Color << endl;
      }
  };

  class CLine:public CShape   //对 CShape 的继承
  {
  private:
       CPoint Start;           //定义 CPoint(起点)对象
       CPoint End;             //定义 CPoint(终点)对象
  public:
       CLine(CPoint s, CPoint e, char *c):CShape(c),Start(s),End(e)
       {}                      //公有继承的构造函数的初始化方法
  virtual void Draw()          //定义 Draw()
      {
         cout << "Draw a Line from (" << Start.GetX() << "," << Start.GetY();
         cout << ") to ("<< End.GetX() << "," << End.GetY() << "), with color ";
         PrintColor();         //输出颜色
      }
  };
```

```
class CCircle:public CShape     //对 CShape 的继承
{
private:
    CPoint Center;              //定义圆心点 CPoint 类
int Radius;                     //定义半径
   public:
    CCircle(CPoint ctr, int r, char *c):CShape(c),Center(ctr)//初始化
    {
        Radius = r;
    }
    virtual void Draw()         //定义 Draw()
    {
       cout << "Draw a Circle at center (" << Center.GetX() << "," ;
       cout << Center.GetY()<< ") with radius " << Radius << " and color ";
       PrintColor();        //输出颜色
    }
};

void main()
{
    CShape *ps[3];          //定义三个指针
    CShape s("Red");        //错误，不能定义虚基类的对象
    CPoint p1(10,10), p2(100,100),p3(50,50);    //定义三个点
    CLine  l(p1,p2,"Green");                    //定义直线
    CCircle c(p3, 20, "Black");                 //定义圆
    ps[0] = &s;         //错误，不存在对象
    ps[1] = &l;
    ps[2] = &c;
    for(int i=1; i<3; i++)
    ps[i]->Draw();      //在这里充分体现了多态的方便之处
}
```

程序结果是：

```
Draw a Line from (10,10) to (100,100), with color Green
Draw a Circle at center (50,50) with radius 20 and color Black
```

在 main 函数中定义了抽象类 CShape（主要作用是定义其派生类的框架。纯虚函数是这个类族的公共接口）的指针 ps，调用虚基类的 Draw()虚函数，从而实现了这个直线与圆的多态性。

注意：抽象类是不能用来定义对象的。程序的 main 函数中试图定义对象 CShape s("Red")是错误的。抽象类 CShape 的派生类 Drow()需要重新定义，实现虚函数的具体功能。

【实例 2】在线性代数中学习过矩阵的运算法则，利用运算符重载运算来设计矩阵的加法和乘法运算程序。

加法法则：两个矩阵相加必须是同型矩阵（两个矩阵必须行数和列数分别对应相等），否则不能相加。如 A[i][j]、B[m][n]两矩阵相加必须 i==n，j==n;

乘法法则：两矩阵相乘必须是前一矩阵的列数等于后一矩阵的行数，否则不能相乘。如

A[i][j]，B[m][n]两矩阵相乘必须 j==m。

```
//矩阵运算
#include<iostream>
#include<iomanip>                                  //定义宽度头函数
using namespace std;
class Metrix
{
public:
    Metrix()//无参的构造函数
    {point=NULL;row=0;colum=0;}                    //初始化私有变量
    Metrix(int i,int j);                           //初始化 print[i][j]
    void SetMetrix(int i,int j);                   //重新设置矩阵
    Metrix(Metrix& c);                             //拷贝构造函数
    Metrix operator = (Metrix& c);                 //重载"="运算符
    Metrix operator + (Metrix& c);                 //重载"+"运算符
    void Delete();
    friend Metrix operator * (Metrix c1,Metrix c2);   //重载"*"运算符
    friend ostream & operator << (ostream& output ,  Metrix& c)
    //对输出流"<<"重载
    {
       if(c.point==NULL)                           //如果不存在二维数组则返回
           output<<"该矩阵无数据，为空数据"<<endl;
       else
           {
           output<<"该矩阵为"<<endl;
           for(int i=0;i<c.row;i++)
             {
               for(int j=0;j<c.colum;j++)
               output<<setw(5)<<c.point[i][j];              //定义格式输出
               output<<endl;
             }
           }
         return output;
    }
    friend istream& operator>>(istream& input,Metrix& c) //对输入流">>"重载
    {
       int x,y;
       for( x=0;x<c.row;x++)
       {
           cout<<"请输入矩阵的第"<<x+1<<"行的"<<c.colum<<"个数据"<<endl;
           for( y=0;y<c.colum;y++)
           input>>c.point[x][y];    //给二维数组赋值
       }
       return input;
    }
    ~Metrix()                                  //析构函数，释放二维数组
```

```
    {
        if(!point)    return;  //如果 Point 为空则不用删除
        for(int x=0;x<row;x++)
        {
            delete []point[x];
        }
        delete[]point;
    }

   private:
   double * point;
   int row,colum;

};
Metrix::Metrix(int i,int j)          //有参数的构造函数
{
     row=i;
     colum=j;
     point=new double* [row];
     for(int x=0;x<row;x++)
     {
         point[x]=new double [colum];
     }
     for(int m=0;m<row;m++)
         for(int n=0;n<colum;n++)
            point[m][n]=0;         //使二维数组初始化
}
Metrix::Metrix(Metrix& c)         //拷贝构造函数
{
    if (this==&c)  return;         //防止 c=c 的赋值
    Delete();                      //此语句不需要，初始化中无需删除
    row=c.row;                     //把对象 c 的行赋给 this->row
    colum=c.colum;                 //把对象 c 的列赋给 this->colum
    point=new double* [row];
    for(int x=0;x<row;x++)
    {
        point[x]=new double [colum];
    }
    for(int m=0;m<row;m++)
        for(int n=0;n<colum;n++)
           point[m][n]=c.point[m][n];
    //将 c.point 二维数组的值赋给 this->point
}
void Metrix::SetMetrix(int i,int j)
{
     Delete();
```

```
        row=i;
        colum=j;
        point=new double* [row];
        for(int x=0;x<row;x++)
        {
            point[x]=new double [colum];
        }
        for(int m=0;m<row;m++)
            for(int n=0;n<colum;n++)
               point[m][n]=0;                    //使二维数组初始化
    }
    Metrix Metrix::operator = (Metrix& c)   //对“=”的重载
    {
        if (this==&c)  return *this;           //防止c=c的赋值
        Delete();
        row=c.row;              //把对象c的行赋给this->row
        colum=c.colum;          //把对象c的列赋给this->colum
        point=new double* [row];
        for(int x=0;x<row;x++)
         {
            point[x]=new double [colum];
         }
        for(int m=0;m<row;m++)
           for(int n=0;n<colum;n++)
              point[m][n]=c.point[m][n];
        return *this;                        //返回当前指针
    }
    Metrix Metrix::operator + (Metrix& c)    //'+'号成员函数
    {
        if(row!=c.row||colum!=c.colum)
        {   Metrix m;
            cout<<"这两个矩阵不能相加!!"<<endl;
            return m;
        }
        Metrix m(c.row,c.colum);              //保存相加的结果
        for(int i=0;i<row;i++)
            for(int j=0;j<colum;j++)
               m.point[i][j]=point[i][j]+c.point[i][j];
        return m;
    }
    Metrix operator * (Metrix c1,Metrix c2)  //运算符“*”的重载friend类
    {
        if(c1.colum!=c2.row)
        {
            Metrix c;
            cout<<"这两个矩阵不能相乘!! "<<endl;
```

```
        return c;
    }
    Metrix c3(c1.row,c2.colum);      //保存相乘的结果数组
    for(int i=0;i<c1.row;i++)
       for(int k=0;k<c1.colum;k++)
           for(int j=0;j<c2.colum;j++)
              c3.point[i][j]+=c1.point[i][k]*c2.point[k][j];
    return c3;
}

void Metrix::Delete()                    //删除函数
{
    if(!point) return;                   //如果 Point 为空则不用删除
    for(int x=0;x<row;x++)
    {
        delete []point[x];
    }
    delete[]point;
}

int main()
{
    int m=0,n=0,p=0,q=0;
    cout<<"请输入矩阵的行列号"<<endl;
    cin>>m>>n;//设置 squart1 的行列
    Metrix squart1(m,n),squart3;//定义矩阵
    cout<<"请输入数据"<<endl;
    cin>>squart1;//给矩阵赋值
    cout<<"请输入矩阵的行列号"<<endl;
    cin>>p>>q;//设置 squart2 的行列
    Metrix squart2(p,q);//定义矩阵
    cout<<"请输入数据"<<endl;
    cin>>squart2;//给矩阵赋值
    squart3=squart1*squart2;                 //引用*
    cout<<squart3;
    //以下直接利用以上的两个 squart1 和 squart2
    squart1.SetMetrix(2,2);
    cin>>squart1;
    squart2.SetMetrix(2,2);
    cin>>squart2;
    squart3=squart1+squart2;                 //引用+
    cout<<squart3;
    return 0;
}
```

运行结果是：

```
请输入矩阵的行列号
2 2
```

```
请输入数据
请输入矩阵的第 1 行的 2 个数据
2 2
请输入矩阵的第 2 行的 2 个数据
2 2
请输入矩阵的行列号
2 2
请输入数据
请输入矩阵的第 1 行的 2 个数据
2
请输入矩阵的第 2 行的 2 个数据
2
该矩阵为
8    8
8    8
请输入矩阵的第 1 行的 2 个数据
2 2
请输入矩阵的第 2 行的 2 个数据
2 2
请输入矩阵的第 1 行的 2 个数据
2 2
请输入矩阵的第 2 行的 2 个数据
2 2
该矩阵为
4    4
4    4
```


可以修改不同的数据，都可以得到正确的运算结果。

（1）所谓多态性是指发出的消息被不同的对象接收时会产生完全不同的行为。简单地说，多态性就是指用一个名字定义不同的函数，这些函数执行不同但又类似的操作，从而可以使用相同的调用方式来调用这些具有不同功能的函数。

（2）多态的实现可以划分为两大类：编译时的多态和运行时的多态。运行时的多态性主要是通过虚函数来实现的。

（3）虚函数允许函数调用与函数体之间的联系在运行时才建立，也就是在运行时才决定如何动作，这也就是所谓的动态联编。

（4）虚函数的定义是在基类中进行的，它是在需要定义为虚函数的成员函数的声明中冠以关键字 virtual，并要在派生类中重新定义。所以虚函数为它的派生类提供了一个公共的界面，而派生类对虚函数的重定义则指明函数的具体操作。

（5）纯虚函数是一个在基类中说明的虚函数，但它在基类中没有定义，调用的总是派生类中的定义。如果一个类至少有一个纯虚函数，就称该类为抽象类。

（6）C++语言中只能重载原先已有定义的运算符。程序员不能臆造新的运算符来扩充 C++语言。必须把重载运算符限制在C++语言中已有的运算符范围内。

（7）并不是所有的运算符都能重载。例如，类属关系运算符“.”、成员指针运算符“*”、作用域分辨符“::”、sizeof运算符和三目运算符“?:”都不能重载。

（8）运算符重载函数一般采用如下两种形式：一是定义它将要操作的类的成员函数（称为成员运算符函数），二是定义为类的友元函数（称为友元运算符函数）。

（9）对双目运算符而言，成员运算符函数带有一个参数，而友元运算符函数带有两个参数；对单目运算符而言，成员运算符函数不带参数，而友元运算符函数带有一个参数。

一、填空题

1．下列关于动态联编的描述中，错误的是（　）。
　A．动态联编是以虚函数为基础的
　B．动态联编是运行时确定所调用的函数代码的
　C．动态联编调用函数操作是指向对象的指针或对象引用
　D．动态联编是在编译时确定操作函数的

2．关于虚函数的描述中，正确的是（　）。
　A．虚函数是一个静态成员函数
　B．虚函数是一个非成员函数
　C．虚函数既可以在函数说明时定义，也可以在函数实现时定义
　D．派生类的虚函数与基类中对应的虚函数具有相同的参数个数和类型

3．关于纯虚函数和抽象类的描述中，错误的是（　）。
　A．纯虚函数是一种特殊的虚函数，它没有具体的实现
　B．抽象类是指具有纯虚函数的类
　C．一个基类中说明有纯虚函数，该基类派生类一定不再是抽象类
　D．抽象类只能作为基类来使用，其纯虚函数的实现由派生类给出

4．下列运算符中，在 C++中不能重载的是（　）。
　A．?:　　　　B．[]　　　　C．new　　　　D．&&

5．在下面的程序中，A、B、C、D 四句编译时出现错误的是（　）。

```
Class  A                    //A
{
  Public:                   //B
    A( ){func( )}               //C
    Virtual void func( )=0;     //D
};
```

二、选择题

1．编译时的多态性可以通过使用________获得。

2．面向对象的多态性可以分为4类：________、________、________、________。

3．虚函数充分体现了面向对象程序设计的________。

4．重载之后运算符的________和________都不会改变。

5．利用成员函数对二元运算符重载，其左操作数为________，右操作数为________。

三、程序设计题

1．应用抽象类，求圆、圆内接正方形和圆外切正方形的面积和周长。

2．分别用成员函数和友元函数重载运算符，使对实数的运算符=、+、-、*、/适用于复数运算。

第 7 章　模板

模板是实现代码重用机制的一种工具，它可以实现类型参数化，即把类型定义为参数，从而实现真正的代码重用。模板分为函数模板和类模板，它们分别允许用户构造模板函数和模板类。

- 函数模板
- 类模板

7.1　模板的概念

模板分为函数模板和类模板，它们分别允许用户构造模板函数和模板类。模板、模板函数、模板类和对象之间的关系如图 7-1 所示。

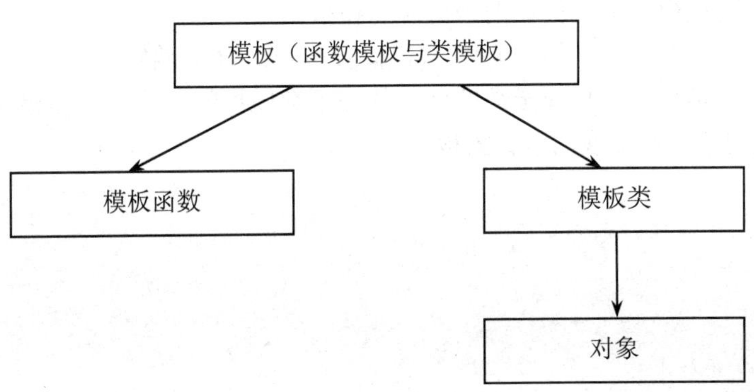

图 7-1　模板

7.2　函数模板与模板函数

7.2.1　函数模板的说明

函数模板的一般说明形式如下：

template <class 类型参数>
返回类型　函数名(模板形参表)
{
函数体
}

其中，template 是一个声明模板的关键字，它表示声明一个模板。

例如，将求最大值函数 MaxNumber()定义成函数模板。

```
template <class T>
T MaxNumber(T a, T b)
{
   return a>b?a:b;
}
```

将 MaxNumber()定义成函数模板的另一种形式是：

```
template <typename T>
   T MaxNumber(T a, T b)
{
   return a>b?a:b;
}
```

其中，T 为类型参数，它既可取系统预定义的数据类型，又可以取用户自定义的类型。

7.2.2　函数模板的使用

上面定义的函数代表的是一类函数，若要使用这个函数进行求最大值操作，必须先将 T 实例化为确定的数据类型，因此，它不是一个完整的函数，称之为函数模板。将 T 实例化的参数称为模板实参，用模板实参实例化的函数称为模板函数。

当编译系统发现有一个函数调用“函数名(模板实参表);”时，将根据模板实参表中的类型生成一个函数，即模板函数。该模板函数的函数体与函数模板的函数定义体相同。

【例 7.1】定义用于变量交换的函数模板。

```
#include<iostream>
using namespace std;
template <class T>
void swp(T &x, T &y)
{
      T temp=x;
      x=y;
      y=temp;
}
int main()
{
     char a='A', b='B';
     int c=123, d=456;
     double e=12.3, f=45.6;
     swp(a,b);
```

```
    swp(c,d);
    swp(e,f);
    cout <<"交换后: "<< a << "," << b << endl;
    cout <<"交换后: "<< c << "," << d << endl;
    cout <<"交换后: "<< e << "," << f << endl;
    system("pause");
    return 0;
}
```

程序运行结果：

```
B,A
456,123
45.6,12.3
```

函数模板就像是一个带有类型参数的函数，编译程序会根据实际参数的类型确定参数的类型。

7.3　模板函数的覆盖

下列函数模板：

```
template <class T>
T max(T a, T b)
{
   retum a>b?a:b;
}
```

对于简单的数据类型，如整型、实型、字符型数据，这个模板都能够正常工作。但对于字符串，用上述模板就会出现问题，因为对于字符串，不能使用运算符“>”，要为其编写独立的 max()函数。

我们将函数模板生成的函数称为模板函数。如果某一函数的函数原型与函数模板生成的函数（模板函数）原型一致，称该函数为模板函数的覆盖函数。

【例 7.2】模板函数的覆盖。

```
#include<iostream>
#include <string>
using namespace std;
template <class T>
T max1(T a, T b)
{
   return a>b?a:b;
}
char *max1(char *x, char *y)
{
   return strcmp(x, y) > 0 ? x :y;
}
void main()
{
   char *p="ABCD", *q="EFGH";
```

```
    p=max1(p, q);
    int a =max1(10, 20);
    float b =max1(12.3, 45.6);
    cout << p << endl;
    cout << a << endl;
    cout << b << endl;
    system("pause");
}
```

程序运行结果是：

```
EFGH
20
45.6
```

在进行函数调用时，编译程序采用如下策略确定调用哪个函数：

（1）首先寻找一个实参与形参完全匹配的覆盖函数，如果找到，则调用该函数。

（2）如果能通过函数模板生成实例函数，并且参数匹配，则调用该函数。

（3）通过强制类型转换，寻找能够与实参匹配的覆盖函数，或通过函数模板生成实例函数，如果找到则调用该函数。

（4）如果所有努力失败，则给出出错信息。

7.4 类模板与模板类

类模板允许用户为类定义一种模式，使得类中的某些数据成员、某些成员函数的参数或返回值能取任意数据类型。

定义一个类模板与定义函数模板的格式类似，必须以关键字 template 开始，然后是类名，其格式如下：

```
template <class Type>
class 类名 {
            //…
        };
```

类模板不是代表一个具体的、实际的类，而是代表一类类。实际上，类模板的使用就是将类模板实例化成一个具体的类，格式为：

类名 <实际的类型> 对象名;

【例 7.3】使用栈类模板的使用。

```
#include<iostream>
using namespace std;
const int size=10;
template<class Type>          //声明一个类模板
class stack{
  public:
    void init(){ tos=0; }
    void push(Type ch);       //参数取 Type 类型
```

```
    Type pop();                //返回类型取 Type 类型
   private:
     Type stck[size];          //数组的类型为类型参数 Type，即可取任意类型
     int tos; };
template <class Type>
void stack<Type>::push(Type ob)
    { if (tos==size){ cout<<"stack is full"; return ; }
        stck[tos]=ob; tos++; }
template <class Type>
    Type stack <Type>::pop()
    {
        if (tos==0)
        {
            cout<<"stack is empty";
            return 0;
        }
        tos--;
        return stck[tos];
    }

int main()
   {      //定义字符堆栈
     stack <char> s1, s2;    //创建两个模板参数为 char 型的对象
     int i;
     s1.init();  s2.init();
     s1.push('a'); s2.push('x');
     s1.push('b'); s2.push('y');
     s1.push('c'); s2.push('z');
     for(i=0;i<3;i++) cout<<"pop s1: "<<s1.pop()<<endl;
     for(i=0;i<3;i++) cout<<"pop s2: "<<s2.pop()<<endl;  //定义整型堆栈
     stack <int> is1, is2;       //创建两个模板参数为 int 型的对象
     is1.init();  is2.init();
     is1.push(1); is2.push(2);
     is1.push(3); is2.push(4);
     is1.push(5); is2.push(6);
     for (i=0;i<3;i++)
         cout<<"pop is1: "<<is1.pop()<<endl;
     for (i=0;i<3;i++)
     cout<<"pop is2: "<<is2.pop()<<endl;
     system("pause");
   return 0;
}
```

程序运行结果：

```
pop s1: c
pop s1: b
pop s1: a
```

```
pop s2: z
pop s2: y
pop s2: x
pop is1: 5
pop is1: 3
pop is1: 1
pop is2: 6
pop is2: 4
pop is2: 2
```

7.5 程序举例

【实例 1】定义数组类的类模板，并利用成员函数对数组中的元素初始化。

```
#include <iostream.h>
template<class T>
class myArray
{
public:
        myArray(int nSize, T Initial);
        ~myArray()
        {
                delete[] m_pArray;
        }
        T &operator[](int nIndex)
        {
                return m_pArray[nIndex];
        }
        void Show(int nNumElems, char *pszMsg=" ", bool bOneLine=true);
        void Sort(int nNumElems);

protected:
        T *m_pArray;
        int m_nSize;
};
```

类中数据成员 m_nSize 为数组的长度，m_pArray 保存数组的起始地址。重载运算符[]用于取得数组的元素。

构造函数为 m_nSize 赋值，并为数组申请存储空间，将数组的每个元素都赋值为 InitVal。

```
template<class T>
myArray< T >::myArray(int nSize, T InitVal)
{
        m_nSize=(nSize>1)? nSize:1;
        m_pArray=new T[m_nSize];
        for(int i=0;i<m_nSize;i++)
                m_pArray[i]=InitVal;
}
```

成员函数 Show()显示数组元素的值。元素的个数由第一个参数指定；第二个参数为输出数组元素值之前，输出的提示信息；第三个参数确定数组元素是显示在一行上还是多行。

```
template<class T>
void myArray< T >::Show(int nNumElems, char *pszMsg, bool bOneLine)
{
        cout << pszMsg<<endl;
        if(bOneLine)
        {
            for(int i=0;i<nNumElems;i++)
                cout << m_pArray[i] << ' ';
            cout << endl;
        }
        else
        {
            for(int i=0;i<nNumElems;i++)
                cout << m_pArray[i]<<endl;
        }
}
```

成员函数 Sort()使用插入排序法对数组元素排序（升序），其参数是数组中元素的个数。

```
template<class T>
void myArray< T >::Sort(int nNumElems)
{
    int i, j;
    T temp;
    for (i = 1; i <= nNumElems; i++)
    {
        j = i;
        temp = m_pArray[i];
        while (j > 0 && temp < m_pArray[j-1])
        {
            m_pArray[j] = m_pArray[j-1];
            j--;
        }
        m_pArray[j] = temp;
    }
}
```

在主函数中定义了类模板对象 IntegerArray 和 CharArray，一个是 int 型的，一个是 char 型的，int 型的数组元素都初始化为 0，char 型的数组元素都初始化为空格。然后再对两个数组元素赋值。对数组 IntegerArray 调用函数 Show()显示数组 IntegerArray 元素的值，之后调用 Sort()函数对数组 IntegerArray 排序，再输出。对数组 CharArray 也作相同的处理。

```
void main()
{
    int nArr[10]={89,34,32,47,15,81,78,36,63,83};
    char cArr[10]={'C','W','r','Y','k','J','X','Z','y','s'};
    myArray<int> IntegerArray(10,0);
```

```
    myArray<char> CharArray(10,' ');
    for(int i=0;i<10;i++)
          IntegerArray[i]=nArr[i];
    for(i=0;i<10;i++)
          CharArray[i]=cArr[i];
    IntegerArray.Show(10,"Unsorted array is: ");
    IntegerArray.Sort(10);
    IntegerArray.Show(10,"Sorted array is: ");
    cout << endl ;
    CharArray.Show(10,"Unsorted array is: ");
    CharArray.Sort(10);
    CharArray.Show(10,"Sorted array is:");
    cout << endl;
    system("pause");
}
```

程序运行结果：

```
Unsorted array is:
89   34   32   47   15   81   78   36   63   83
Sorted array is:
15   32   34   36   47   63   78   81   83   89
Unsorted array is:
C    W    r    Y    k    J    X    Z    y    s
Sorted array is:
C    J    W    X    Y    Z    k    r    s    y
```


函数模板不能定义缺省参数，而类模板可以定义缺省参数。

【实例 2】使用缺省参数定义数组的类模板。

```
#include<iostream>
using namespace std;
template <class T=int>
class Array
{
    T *data;
    int size;
public:
    Array(int);
    ~Array();
    T &operator[](int);
};
template <class T>
Array <T>::Array(int n)
{
    data = new T[size=n];
}
template <class T>
Array <T>::~Array()
{
```

```
    delete data;
}
template <class T>
T &Array <T>::operator[](int i)
{
    return data[i];
}
void main()
{
    int i;
    Array < > L1(10);      //等价于 Array <int> L1(10)
    Array <char> L2(26);
    for(i=0; i<10; i++)
          L1[i] = i;
    for(i=0; i<26; i++)
          L2[i] = 'A'+i;
    for(i=0; i<10; i++)
          cout << L1[i] << "   ";
    cout << endl;
    for(i=0; i<26; i++)
          cout << L2[i] << "   ";
    cout << endl;
    system("pause");
}
```

程序运行结果：

```
0 1 2 3 4 5 6 7 8 9
A B C D E F G H I J K L M N O P Q R S T U V W X Y Z
```

本章小结

（1）模板是实现代码重用机制的一种工具，它可以实现类型参数化，即把类型定义为参数，从而实现真正的代码重用。

（2）模板分为函数模板和类模板，它们分别允许用户构造模板函数和模板类。

（3）我们将函数模板生成的函数称为模板函数。如果某一函数的函数原型与函数模板生成的函数（模板函数）原型一致，称该函数为模板函数的覆盖函数。

习题 7

一、填空题

1．定义一个函数模板要用到的第一个修饰符是________。

2．在函数模板的参数中，用 class 修饰的参数称为________参数。

3．函数模板生成的函数称为________。如果某一函数的函数原型与函数模板生成的函数

（模板函数）原型一致，称该函数为模板函数的________。

4．模板分为________和________。

5．模板是实现________的一种工具，它可以实现________。

二、选择题

1．C++程序的基本模块为（　）。

A．表达式　　B．标识符　　C．语句　　D．函数

2．以下关于函数模板的叙述正确的是（　）。

A．函数模板也是一个具体类型的函数

B．函数模板的类型参数与函数的参数是同一个概念

C．通过使用不同的类型参数，函数模板可以生成不同类型的函数

D．用函数模板定义的函数没有类型

3．类模板 template<class T> class X{…}，其中，友元函数 f 对特定类型 T（如 int），使函数 f（X<int>&）成为 X(int)模板类的友元，则其说明为（　）。

A．friend void f();

B．friend void f(X<T>&);

C．friend void A::f();

D．friend void C<T>::f(X<T>&);

4．使用模板的作用是（　）

A．实现多态性

B．加强类的封装性

C．提高代码的可重用性和可维护性

D．提高代码的运行效率

三、程序设计题

1．指出下面函数的功能。

```
template<class T>
bool fun8(T a[], int n, T key)
{
    for(int i=0;i<n;i++)
       if(a[i]==key) return true;
    return false ;
}
```

2．用函数模板方式设计一个函数模板 sort<T>，采用直接插入排序方式对数据进行排序，并对整数序列和字符序列进行排序。

第 8 章　C++的输入/输出流

C++系统提供了一个用于输入/输出（I/O）操作的类体系，这些 I/O 操作是以对数据类型敏感的方式实现的。类体系提供了对预定义类型进行输入/输出操作的能力，程序员也可以利用这个类体系进行自定义类型的输入/输出操作。

- 了解格式化输入输出函数的基本内容
- 掌握文件输入输出函数的应用

8.1　C++的流

8.1.1　流的概念

数据的字节序列称为字节流，简称流（Stream）。按对字节内容的解释方式，字节流分为字符流（也称文本流）和二进制流。“流”是一种抽象的形态，指的是计算机里的数据从一个对象流向另一个对象。数据流入和流出的对象指的是计算机的屏幕、内存、文件等一些输入输出设备。

最常用的流对象是标准输入流（对象）cin 和标准输出流（对象）cout，它们和外部设备之间的关系如图 8-1 所示。

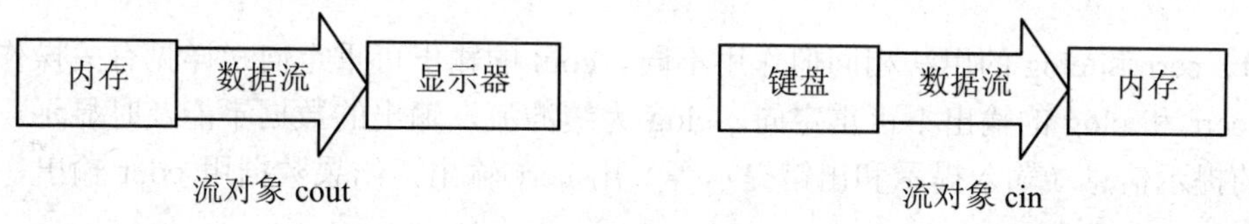

图 8-1　数据流的输入和输出

除了在键盘、内存、显示器之间建立数据流实现输入输出外，还可以在内存与文件之间以及内存与其它输入输出设备之间建立数据流实现数据的输入输出。

流总是与某一设备相联系的（例如键盘、屏幕或硬盘等），通过使用流类中定义的方法，就可以完成对这些设备的输入输出操作。

流具有方向性：与输入设备（如键盘）相联系的流称为输入流；与输出设备（如屏幕）相联系的流称为输出流；与输入输出设备（如磁盘）相联系的流称为输入输出流。

字符流：将字节流的每个字节按 ASCII 字符解释。数据传输时需做转换，效率较低，但字符流可以直接编辑、显示或打印，字符流文件通行于各类计算机。

二进制流：将字节流的每个字节按二进制方式解释。数据传输时不做转换，效率高，但不同类型的计算机对数据的二进制存放格式存在差异，且无法人工阅读，二进制流文件可移植性较差。

C++中包含几个预定义的标准流对象，需在程序中包含头文件 iostream.h 方可使用。

- 标准输入流　　cin　　与标准输入设备相关联
- 标准输出流　　cout　　与标准输出设备相关联
- 非缓冲型的标准出错流　　cerr　　与标准错误输出设备
- 缓冲型的标准出错流　　clog　　与标准错误输出设备
- 提取运算符　　>>　　用于从流中提取一个字节序列。
- 插入运算符　　<<　　用于向流中插入一个字节序列。

在缺省情况下，指定的标准输出设备是屏幕，标准输入设备是键盘。输入流自动将要输入的字节序列形式的数据变换成计算机内部形式的数据（二进制数或 ASCII）后，再赋给变量，变换后的格式由变量的类型确定。输出流自动将要输出的数据变换成字节序列后，送到输出流中。

【例 8.1】使用流 cerr 和 cout 实现数据的输出。

```
#include<iostream>
using namespace std;
void  main(void)
{  int a,b;
   cerr<<"请输入两个整数:\n";
   cin>>a>>b;
   if(a>b)cout<<a<<"是较大者"<<endl;
   else
   {
      if(a==b)cerr<<"两个数相等!\n";
       else  cout<<b<<"是较大者"<<endl;
   }
   system("pause");
}
```

cout、cerr 和 clog 的用法相同但作用不同。cout 的输出可重定向（详见有关操作系统的介绍）。cerr 和 clog 的输出不可重定向。clog 为缓冲流，输出的数据不能及时显示。通常将程序中的提示信息（输入提示和出错提示等）用 cerr 输出，结果数据用 cout 输出，而 clog 很少使用。

8.1.2　I/O 流类体系概述

输入/输出流的类体系称为流类，流类的实现称为流类库。在 C++中，流类是为输入输出提供的一组类，它们都放在流类库中。

流类库是一个由多继承关系形成的类层次结构。

如图 8-2 所示，在 iostream.h 中说明，支持 C++输入/输出程序设计。类 istream 是类 ios 的公有派生类，提供输入操作；类 ostream 是类 ios 的公有派生类，提供输出操作。另外还有类 iostream 是由类 istream 和 ostream 公有派生，并没有重新增加新成员，它支持输入和输出操作。类 ios 是类 istream 和 ostream 的虚基类，提供流的格式化输入/输出和错误处理，并通过指向类 streambuf 的对象的指针成员来管理流缓冲区。

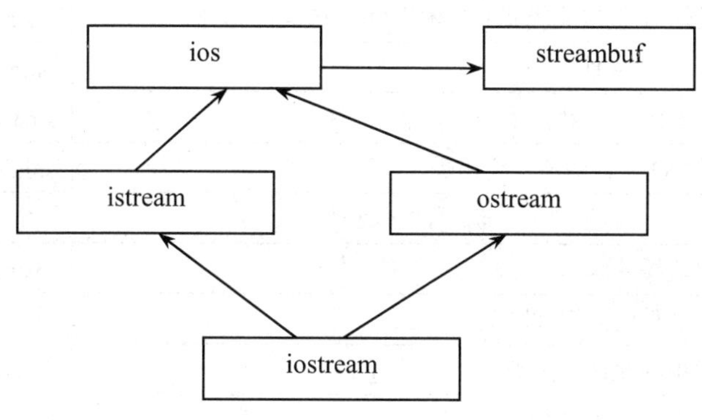

图 8-2　流类库

在实际编程过程中，通常使用类 ios、istream、ostream 和 iostream 提供的公有接口成员函数来进行输入/输出操作。

计算机中的程序、数据、文档常以文件形式保存在计算机内存中。文件是指相关数据的字节序列集合。由于输入/输出设备具有字节流特征，所以它也是文件。程序可通过文件名来使用文件。

因为输入/输出设备的速度比 CPU 慢得多，若 CPU 直接与外设交换数据，必然占用大量 CPU 时间，降低 CPU 的使用效率。因此，使用缓冲后，CPU 只要从缓冲区中读取数据或者把数据写入缓冲区，而不必等待外设的具体输入/输出操作，显著提高了 CPU 的使用效率。缓冲区是指系统在主存中开辟的，用来临时存放输入/输出数据的区域。按在缓冲区中是否立即处理，流分为缓冲流和非缓冲流。通常用缓冲流，仅在特殊场合才用非缓冲流。I/O 流类如表 8-1 所示。

表 8-1　I/O 流类列表

类名	说明	包含头文件
	抽象流基类	
ios	所有输入输出流类的基类	ios.h
	输入流类	
istream	通用输入流类和其他输入流的基类	iostream.h
ifstream	输入文件流类	fstream.h
istrstream	输入字符串流类	strstrea.h
istream_withassign	cin 的输入流类	iostream.h
	输出流类	
ostream	通用输出流类和其他输出流的基类	iostream.h
ofstream	输出文件流类	fstream.h
ostrstream	输出字符串流类	strstrea.h
ostream_withassign	cout、cerr、clog 的输出流类	iostream.h

续表

类名	说明	包含头文件
输入输出流类		
iostream	通用输入/输出流类和其他输入/输出流类的基类	iostream.h
fstream	输入/输出文件流类	fstream.h
strstream	输入/输出字符串流类	strstrea.h
stdiostream	标准 I/O 文件的输入输出类	stdiostr.h
流缓冲区类		
streambuf	抽象流缓冲区基类	iostream.h
filebuf	磁盘文件的流缓冲区类	fstream.h
strstreambuf	字符串的流缓冲区类	strstrea.h
stdiobuf	标准 I/O 文件的流缓冲区类	stdiostr.h
预先定义的流初始化类		
Iostream_init	初始化预定义流对象的类	iostream.h

8.2 格式化输入输出

格式化输入/输出仅用于文本流，而二进制流是原样输入输出，不必做格式化转换。iomanip 头文件中预定义了 13 个格式控制函数，用于控制输入/输出数据的格式，如表 8-2 所示。

表 8-2 格式控制函数

格式控制函数名	功能	用于
dec	设置为十进制	I/O
hex	设置为十六进制	I/O
oct	设置为八进制	I/O
ws	提取空白字符	I
endl	插入一个换行符	O
flush	刷新流	O
resetioflags（long）	取消指定的标志	I/O
setioflags（long）	设置指定的标志	I/O
setfill（int）	设置填充空位的字符	O
setprecision（int）	设置实数的精度	O
setw（int）	设置输出数据的宽度	O
ends	插入字符串结束标志	

8.2.1　输出宽度控制：setw 和 width

使用流操纵元 setw 和成员函数 width 可以控制当前域宽（即输入/输出的字符数），宽度的设置仅适用于下一个插入或读取的数据。在输出流中控制域宽，如果输出数据的宽度比设置的域宽小，将以默认右对齐方式输出数据，左边空位会用填充字符来填充（填充字符默认是空格）。如果输出数据的宽度比设置的宽度大，数据不会被截断，将输出所有位数。

【例 8.2】用格式控制函数指定输出数据的域宽和数制。

```
#include<iostream>
#include<iomanip>
using namespace std;
void main()
{  int a=1024,b=128;
   cout<< setw(10)<<a<<"b="<<b<<endl;
   cout<< hex<< setw(10)<<a<<"b="<< dec <<b<<endl;
   system("pause");
}
```

程序运行结果：

```
      1024b=128
       400b=128
请按任意键继续...
```

注意：hex 表示十六进制，dec 表示十进制，oct 表示八进制，它们的设置是互斥的，一旦设置，一直有效，直到下一次设置数制为止。

【例 8.3】使用 width 成员函数控制域宽。

```
#include<iostream>
using namespace std;
void main()
{
    char *str[3] = {"abc", "abcde", "abcdef"};
   for (int i = 0;i <=2; i ++ )
    {
        cout.width(5);
        cout <<str[i] <<endl;
    }
    system("pause");
}
```

程序的输出结果为：

```
  abc
abcde
abcdef
请按任意键继续...
```

8.2.2　填充字符控制：setfill 和 fill

在缺省情况下，如果域宽大于数据宽度时，填充多余空间的字符是空格。如果要改变填充字符，可以使用流操纵元 setfill 和成员函数 fill。设置填充字符后，将对程序后面的输出代码产生永久影响，直到下一次改变填充字符为止。

【例 8.4】使用 setfill 控制域宽。

```
#include<iostream>
#include<iomanip>
using namespace std;
void main()
{
    double a[]={6.1,13684.1654,1.166,4164.66};
    for(int i=0;i<=3;i++)
    {
        cout<<setfill('*');
        cout<<setw(10)<<a[i]<<endl;
    }
    system("pause");
}
```

程序的输出结果为：

```
*******6.1
***13684.2
*****1.166
***4164.66
```

也可以将程序中的 cout<<setfill('*')改为 cout.fill('*')。

8.2.3　输出精度控制：setprecision 和 precision

使用流操纵元 setprecision 以及成员函数 precision 可以控制浮点数输出的精度，精度一旦设置，就可以用于以后所有输出的数据，直到下次精度发生改变。使用 precision 可以返回设置前的精度。

【例 8.5】控制浮点数精度。

```
#include<iostream>
#include<iomanip>
using namespace std;
void main()
{
    double a=3.1415926;
    int Preprecision=cout.precision(4);
    cout<<a<<endl;
    cout<<setprecision(Preprecision)<<a<<endl;
system("pause");
}
```

程序的输出结果为：

```
3.142
3.14159
```

在上例中，变量 Preprecision 保存设置精度前的精度值，因此程序最后一条语句使用该值恢复原来的默认设置。由于系统默认精度为 6，因此执行 cout.precision(4)语句后，Prepercision 的值为 6。

在程序没有设置计数法情况下，此精度值表示浮点数的有效数字的个数。若程序设置了计数法（ios::fixed 或 ios::scientific），则表示小数点后数字的个数。ios::fixed 表示以定点法输出浮点数（不带指数），ios::scientific 表示以科学计数法输出浮点数。

若将例 8.5 主函数中的第一条语句后加入如下语句：

```
cout << setiosflags(ios::fixed);
```

则程序的输出结果为：

```
3.1416
3.141593
```

若将例 8.5 主函数中的第一条语句后加入如下语句：

```
cout << setiosflags(ios::scientific);
```

则程序的输出结果为：

```
3.1416e+000
3.141593e+000
```

8.2.4　其他格式状态

在设置精度的例子中，浮点数的计数法的设置是通过使用 setiosflags 来完成的。setiosflags 也是一个流操纵元，定义在头文件<iomanip.h>中。通过将 setiosflags 的参数设置为如表 8-3 中的各种流格式状态标志值，可以对相应的输入输出格式进行控制。若需要同时设置多个标志位时，可以使用按位或运算符（|）将不同的标志项结合。

表 8-3　I/O 流格式状态标志

流格式状态标志	说明
ios :: skipws	跳过输入流的空白字符
ios :: left	在输出域中左对齐输出，必要时，在右边填充字符
ios :: right	在输出域中右对齐输出，必要时，在左边填充字符（默认）
ios :: internal	在输出域中左对齐数值的符号及进制符号，右对齐数字值
ios :: dec	以十进制形式格式化指定整数（默认）
ios :: oct	以八进制形式格式化指定整数
ios :: hex	以十六进制形式格式化指定整数
ios :: showbase	在数值前输出进制（0 表示八进制，0x 或 0X 表示十六进制）
ios :: showpoint	输出浮点数时显示小数点和尾部的 0
ios :: uppercase	输出十六进制数时显示大写字母 A~F，科学计数法显示大写 E
ios :: showpos	输出正数时前面加正号（+）
ios :: scientific	以科学计数法显示浮点数
ios :: fixed	以定点表示法显示浮点数

8.3　文件的输入输出

文件输入输出的一般步骤为：创建流对象并打开文件→读写文件→关闭文件。

8.3.1 文件的打开与关闭

1. 文件的打开

为了对一个文件进行读写操作，应先“打开”该文件；在使用结束后，则应“关闭”文件。在 C++中，打开一个文件，就是将这个文件与一个流建立关联；关闭一个文件，就是取消这种关联。

要执行文件的输入输出，需要以下几个步骤：

（1）在程序中包含头文件 fstream.h。

（2）建立流。建立流的过程就是定义流类的对象。

（3）使用 open()函数打开文件，也就是使某一文件与上面的某一流相联系。

open()函数是上述三个流类的成员函数，其原型是在 fstream.h 中定义的，原型为：

```
void open(const unsigned char*,int mode,int access=filebuf::openprot);
```

用法如下：

文件 I/O 流类名　流对象名;　　　　　　//声明一个流对象

流对象名 open（文件名，打开方式）；　　　//调用 open 函数打开文件

例如：ofstream　file;

　　　file.open("boot.ini", ios::out);

open 函数中的第一个形参用于指定打开文件的文件名，第二个形参用于指定文件的打开方式，见表 8-4。

表 8-4　文件打开方式选项

打开方式	说明
ios :: in	打开一个输入文件，是 ifstream 对象的默认方式
ios :: out	打开一个输出文件，是 ofstream 对象的默认方式。若打开一个已有文件，则删除原有内容，若打开的文件不存在，将创建该文件
ios :: app	打开一个输出文件，用于在文件末尾添加数据，不删除文件原有内容
ios :: ate	打开一个现有文件（用于输入或输出），并定位到文件结尾
ios :: nocreate	仅打开一个存在的文件（不存在则失败）
ios :: noreplace	仅打开一个不存在的文件（存在则失败）
ios :: trunc	打开一个输出文件，如果它存在则删除文件原有内容
ios :: binary	以二进制模式打开一个文件（默认是文本模式）

另外，在构造函数中还可以直接指定文件名及打开方式。用法如下：

文件 I/O 流类名　流对象名（文件名，打开方式）；

例如：ifstream　my-file("D:\\hello.dat", ios::binary);

如果使用上述两种方式打开文件操作不成功（如文件路径不正确），文件流对象将为 0，因此习惯上可用如下方式判断打开操作是否失败：

if（! my_file）{　　……　　}　//如果打开文件的操作不成功

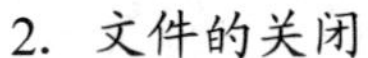

2. 文件的关闭

在使用完一个文件后，应该把它关闭。所谓关闭，实际上就是使打开的文件与流“脱钩”。关闭文件可使用 close()函数完成，close()函数也是流类中的成员函数，它不带参数，不返回值。例如：

```
out.close();
```

将关闭与流 out 相连接的文件。

8.3.2　文件的读写

1. 文本文件的读写

一旦文件打开了，从文件中读取文本数据与向文件中写入文本数据都十分容易，只需使用运算符“<<”与“>>”就可以了，只是必须用与文件相连接的流代替 cin 和 cout。如下语句：

```
ofstream  my_file ("D:\\data.txt", ios::out);
my_file << "Hello!" << ' '<< 234 << endl;
```

在字符串与整数之间插入了一个空格，是为了在文件中将数据分隔开，以便在读出时能正确区分数据。如下语句：

```
char  s[10];
int  i;
ifstream  in_file ("D:\\data.txt", ios::in);
in_file >> s >> i;
```

将文件 data.txt 中的数据提取到字符串变量 s 及整型变量 i 中。使用插入运算符在写入数据时仅局限于标准数据类型及字符串，对于自定义类型的数据并不能直接插入。也可以使用流对象的 put 或 write 成员函数，将数据写入到文件中。用流对象的 get、getline 或 read 成员函数来读取需要的数据。

（1）put 函数。使用 put 函数可以将一个单个字符写入流对象，进而写入流对象所关联的文件中。使用 put 函数每次只能写一个字符。它的用法见下面的语句：

```
my_file.put('A');
char  ch = 'A';
my_file.put(ch);
```

使用 put 函数输出数据不受格式影响，即设置的域宽和填充字符对于 put 函数不起作用。

（2）write 函数。使用 write 函数能把内存中的一块内容写入输出流对象中。

第一个形参用于指定输出数据的内存起始地址，该地址为字符型（char *），因此传递的实参应为字符型的指针。第二个形参用于指定所写入的字节数，即从该起始地址开始写入多少字节的数据，第二个形参类型为整型。

【例 8.6】用 write()函数向文件 test 中写入整数与双精度数。

```
#include<iostream>
#include<fstream>
#include<string>
using namespace std;
int main()
{
    ofstream out("test");
```

```
    if (!out){cout<<"Cannot open output file.\n";return 1;}
    int i=12345;
    double num=123.45;
    out.write((char *)&i,sizeof(int));//写入整型数
    out.write((char *)&num,sizeof(double));//写入浮点型数
    out.close();
    system("pause");
    return 0;
}
```

注意使用 write 函数时，由于它的第一个形参是字符型的指针，因此必须将其地址强制类型转换为字符型的指针。

（3）get 函数。使用 get 函数可以从流对象中提取一个字符。get 函数弥补了提取运算符不能提取空白字符的缺点，它能把任意字符包括空白符提取出来。

使用 get 函数提取一个字符时，有带形参和不带形参两种形式，用法见如下语句：

```
char  ch ;
ch = cin.get();
```

或：

```
cin.get(ch);
```

若以上语句中调用 get 函数的是一个输入文件流对象，将能够从该流对象所关联的文件中提取出单个字符。

（4）getline 函数。getline 函数用于从流对象中提取多个字符，通常用于提取一行字符。getline 函数有三个形参。第一个形参为字符型指针（char *），用于存放读出的多个字符，通常传递的实参为字符数组；第二个形参为整型，用于指定本次读取的最大字符个数；第三个形参为字符型，默认值为回车符（'\n'），用于指定分隔字符，作为一次读取结束的标志。

【例 8.7】读取文件“C:\text.txt”中的内容，并输出到屏幕上。

```
#include<fstream>
#include <iostream>
using namespace std;
void main()
{
    char array[100];
    ifstream  fs( "C:\\text.txt", ios::in );
    if(!fs)return;      //如果文件不存在，打开不成功，则结束程序
    while ( !fs.eof())  //eof 函数用于判断是否到文件尾，到文件尾则返回 True
    {
        fs.getline(array, 100);      //100 表示每次读取字符的个数最多为 100 个
        cout<<array<<endl;
    }

    fs.close();                          //调用 close 函数关闭文件
    system("pause");
}
```

使用 getline 函数按行读取文件中的数据，每次读取一行时，遇回车符或达到最大字符个数，则结束。

（5）read 函数。read 函数主要用于从流中提取整块数据到变量中，常用于提取自定义类型数据及数组。

read 函数的第一个形参用于保存读出的数据，第二个形参用于指出读取多少个字节。

read()原型如下：

```
istream &read(unsigned char* buf,int num);
```

2．检测文件结束及错误处理

在文件结束的地方有一个标志位，记为 EOF（End OF）。采用文件流方式读取文件时，使用成员函数 eof()，可以检测到这个结束符。如果该函数的返回值非零，表示到达文件尾；为零表示未到达文件尾。该函数的原型是：

```
int eof();
```

函数 eof()的用法示例如下：

```
ifstream ifs;
…
if (!ifs.eof()) //尚未到达文件尾
```

还有如下函数：

bad()函数：如果出现一个严重的、不可恢复的错误，如由于非法操作导致数据丢失、对象状态不可用等，则返回 True，通常这种错误不可修复，此时不要对流再进行 I/O 操作。

fail()函数：如果某种操作失败，如打开操作不成功，或不能读出数据，或读出数据的类型不符等，则返回 True。

good()函数：如果以上三种错误均未发生，表示流对象状态正常，则返回 True。

8.3.3　文件读写位置指针

位置指针：保存在文件中进行读或写的位置。

与 ofstream 流对应的是写位置指针，指定下一次写数据的位置。

相关函数：

- seekp 函数用来移动指针到指定的位置。
- tellp 函数用来返回指针当前的位置。

与 ifstream 流对应的是读位置指针，指定下一次读数据的位置。

相关函数：

- seekg 函数用来移动指针到指定的位置。
- tellg 函数用来返回指针当前的位置。

seekp 及 tellp 函数与 seekg 及 tellg 函数使用上大体相同。

seekg 函数的使用形式：

```
seekg(n)    //n>0 表示移动到文件的第 n 个字节后，n=0 表示移动到文件起始位置
seekg(n, ios::beg)  //从文件起始位置向后移动 n 个字节，n 为大于或等于 0 的数
seekg(n, ios::end)  //从文件结尾位置向前移动 n 个字节，n 为小于或等于 0 的数
seekg(n, ios::cur)  //从文件当前位置向前或后移动 n 个字节
```

在后三种形式中，n=0 表示在指定位置处，n>0 表示从指定位置向后移动，n<0 表示从指定位置向前移动。

tellg 的用法：

```
streampos  n = 流对象.tellg();
```

streampos 可看作整型数据，n 用于保存 tellg 的返回值，即指针当前所在位置。

8.4　程序举例

【实例 1】已知文件 data.txt 中存有 10 个 CRect 对象的数据，现要求读取最后一个对象，把它的左上角坐标修改为（100，100），其他不变，修改后写回到文件中去。

```
#include <iostream>
#include <fstream>
#include <string>
using namespace std;
class CRect
{
private:
    char color[10];
    int left;
    int top;
    int length;
    int width;
public:
    CRect();
    CRect(char *c, int t, int left, int len, int wid);
    void SetColor(char *c);             //设置矩形的颜色
    void SetSize(int l, int w);         //设置矩形的大小
    void Move(int t,int l);             //将矩形的左上角移动到指定的点
    void Draw();                        //输出矩形的属性值
};
CRect::CRect()
{
    strcpy(color, "Black");
    top = 0;
    left = 0;
    length = 0;
    width = 0;
}
CRect::CRect(char *c, int t, int lef, int len, int wid)
{
    strcpy(color, c);
    top = t;
    left = lef;
    length = len;
    width = wid;
}
void CRect::SetColor(char *c)
{
```

```
    strcpy(color, c);
}
void CRect::SetSize(int l, int w)
{
    length=l;
    width = w;
}
void CRect::Move(int t,int l)
{
    top = t;
    left = l;
}
void CRect::Draw()
{
    cout << "矩形左上角坐标为（" << left << "," << top << "）" << endl;
    cout << "矩形长和宽分别为" << length << "," << width << endl;
    cout << "矩形的颜色是" << color << endl;
}
void main()
{
    CRect r("green", 10,10,100,100);            //定义 CRect 类的对象 r
    r.SetColor("Red");
    r.Move(10,20);
    r.SetSize(100,200);
    r.Draw();
    r.Move(50,50);
    r.SetColor("Blue");
    r.Draw();
    CRect r1;
    r1.SetColor("Red");
    r1.Move(10,20);
    r1.SetSize(100,200);
    ofstream  outfile ("D:\\a.txt", ios::out);  //定义输出文件流对象并打开文件
                                                //进行输出
    outfile.write((char *)&r1 , sizeof(r1));    //将 r1 地址强制类型转换（char*）
                                                //为字符型指针
    outfile.close();    //调用 close 函数关闭文件
    CRect  r2;
    ifstream  ifile ("D:\\a.txt");
    ifile.read( (char *)&r2 , sizeof(r2));   //将读出的数据保存到矩形对象 r2 中
    ifile.close();
    r2.Draw();
    CRect  rt;
```

```
    ifstream  ifs( "data.txt" );
    ifs.seekg( 0, ios::end );                //将指针移动到文件尾
    streampos  lof = ifs.tellg();            //求得文件长度 lof
    ifs.seekg( -lof/10, ios::end );              //将指针移动到最后一条记录起始位置
    ifs.read( (char *)&rt , sizeof(CRect));
    ifs.close();
    rt.Move(100, 100);
    ofstream  ofs( "data.txt", ios::ate );   //以 ios::ate 方式打开文件，防止删除
                                             //原来内容
    ofs.seekp( -lof/10, ios::end );              //将指针移动到最后一条记录起始位置
    ofs.write( (char *)&rt , sizeof(CRect));
    ofs.close();
    system("pause");
}
```

【实例 2】修改本书第 4 章 4.7 节实例 2 中的 TdateType 类，将程序输出的年历结果保存在一个文本文件中。

分析：原来的程序是将年历的结果在控制台输出，程序结果不便保存，只要修改 TdateType 类的 Print 方法，程序的结果将会保存在一个文本文件中。这里只给出成员函数 Print()，其它程序请读者自己完成。


```
void TdateType::Print()
{
   Ofstream  my_file ("data.txt" , ios::out );   //创建并打开结果输出文件 data.txt
   my_file <<a.year<<"年"
      <<a.month<<"月"<<endl;             //输出月历所指的年份和月份
   for(int i=0;i<=6;i++)  my_file<<weekdays[i]<<"  ";//输出星期
   my_file<<endl;
    char arr=32;int j=0;
      for(j=0;j<Weekday()*5;j++)  my_file<<arr;  //输出每月 1 号所在行之前的空格
      int array[31];                       //定义一个月的日期
    for(int k=1;k<=MonthEnd(a.month);k++)
    {
      int m=k+Weekday()-1;
      if(m%7==0&&m>6) my_file<<endl;  //日期超出周六后输出换行符
      array[k-1]=k;                      //向数组内输入日期
      my_file<<array[k-1]<<"   ";         //输出日期之间的空格
      if(k<10)my_file<<" ";              //输出占一个字符的日期多余的空格
    }
    my_file<<endl;
      my_file.close();          //关闭文件
}
```

完成程序后编译运行，键盘输入 2010 年 3 月，则在程序文件目录中会产生一个 data.txt 文件，打开该文件可以看到图 8-3 的程序结果。

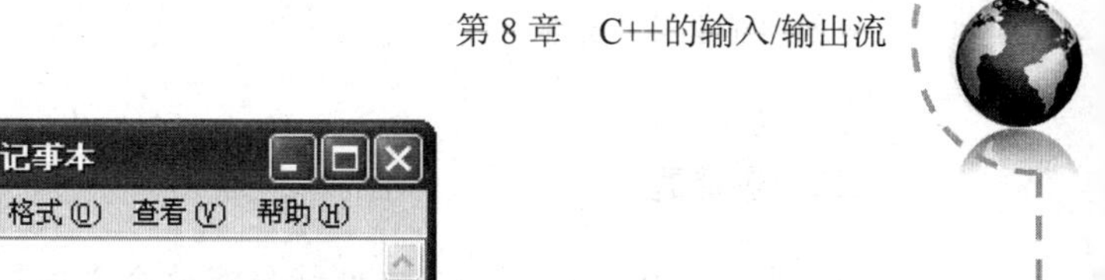

图 8-3　年历程序的输出结果

（1）C++语言本身没有专门的输入/输出语句，但 C++的编译系统通常都提供输入/输出流类库，用于用户输入/输出。C++的流类比 C 的输入输出函数具有更大的优越性。

（2）流（Stream）：数据的字节序列称为字节流，简称流。按对字节内容的解释方式分，字节流分为字符流（也称文本流）和二进制流。输入/输出流的类体系称为流类，流类的实现称为流类库。

（3）使用流操纵元 setw 和成员函数 width 可以控制当前域宽（即输入/输出的字符数），宽度的设置仅适用于下一个插入或读取的数据。如果要改变填充字符，可以使用流操纵元 setfill 和成员函数 fill。使用流操纵元 setprecision 以及成员函数 precision 可以控制浮点数输出的精度，精度一旦设置，就可以用于以后所有输出的数据，直到下次精度发生改变。

（4）为了对一个文件进行读写操作，应先“打开”该文件；在使用结束后，则应“关闭”文件。在 C++中，打开一个文件，就是将这个文件与一个流建立关联；关闭一个文件，就是取消这种关联。一旦文件打开了，从文件中读取文本数据与向文件中写入文本数据都十分容易，只需使用运算符“<<”与“>>”就可以了，只是你必须用与文件相联接的流代替 cin 和 cout。

一、填空题

1．用于输出表达式值的标准输出流对象是________。

2．用于从键盘上为变量输入值的标准输入流对象是________。

3．当执行 cin 语句时，从键盘上输入每个数据后必须接着输入一个________符，然后才能继续输入下一个数据。

4．按对字节内容的解释方式分，字节流分为________和________。

5．使用流操纵元___(1)___以及成员函数___(2)___可以控制浮点数输出的精度，精度一旦设置，就可以用于以后所有输出的数据，直到下次精度发生改变。使用___(2)___可以返回设置前的精度。

二、选择题

1．在C++中，打开一个文件就是将这个文件与一个（　）建立关联；关闭一个文件就取消这种关联。

A．类　　B．流　　C．对象　　D．结构

2．关于 getline()函数的下列描述中，错误的是（　）。

A．该函数是用来从键盘上读取字符串的

B．该函数读取的字符串长度是受限制的

C．该函数读取字符串时，遇到终止符时便停止

D．该函数所使用的终止符只能是换行符

3．现有程序如下：

```
#include<iostream>
#include<iomanip>
void main()
{ int k=100;
  Cout<<k<<endl;
  Cout.setw(8)<<k<<endl;
}
```

以上程序的运行结果为（　）。

A. 100
   100

B. 100
        100

C.   100
   100

D．都不对

三、程序设计题

1．编写一个程序统计文件 abc.txt 的字符个数。

2．设计一个程序，可以将文本内容直接存储为 htm 格式的 Web 页面。

附录　实验

实验一　C++语言基础

一、实验目的

1．熟悉 VC++的集成开发环境，学习运行一个 C++程序的步骤。

2．了解几种运算符的使用规则。

3．掌握变量命名规则，学会变量的定义和使用。

4．掌握程序的结构。

二、实验内容

1．使用 Microsoft Visual C++ 6.0 或 Microsoft Visual Studio 2008 编写一个问候程序并练习使用编程环境对程序进行编辑、编译、连接和运行。

要求：

（1）程序输出“xxx 同学，你好！”。

（2）xxx 用键盘在程序运行时输入。

2．编写程序完成变量 x 和变量 y 值的交换，调试程序并观察运行结果。

要求：

（1）在键盘上分别按如下格式输入两组数据：

```
5,3（回车）
5 3（回车）
```

观察程序运行结果。

（2）修改程序，用条件运算符输出两个数中的较大数。

3．编写程序。从键盘输入一个三位正整数，输出其逆转数。例如：输入 861，输出为 168。

实验二　类和对象

一、实验目的

1．掌握类的概念、类的定义格式、类与结构体的关系、类的成员属性和类的封装性。

2．掌握类对象的定义。

3．理解类的成员的访问控制的含义，公有、私有和保护成员的区别。

4．掌握构造函数和析构函数的含义与作用、定义方式和实现，能够根据要求正确定义和重载构造函数。能够根据给定的要求定义类并实现类的成员函数。

二、实验内容

1．定义一个学生类，其中有3个数据成员有学号、姓名、年龄，以及若干成员函数。同时编写主函数使用这个类，实现对学生数据的赋值和输出。

要求：

（1）使用成员函数实现对数据的输入、输出。

（2）使用构造函数和析构函数实现对数据的输入、输出。

2．定义日期类CDate。实现以下操作：

（1）可以设置日期。

（2）可以实现日期加一天和减一天的操作。

（3）根据输入的日期判断是星期几。

（4）根据输入的月份打印月历。

实验三　继承与派生类

一、实验目的

1．理解继承的含义，掌握派生类的定义方法和实现。

2．理解公有继承下基类成员对派生类成员和派生类对象的可见性，能正确地访问继承层次中的各种类成员。

3．理解保护成员在继承中的作用，能够在适当的时候选择使用保护成员，以便派生类成员可以访问基类的部分非公开的成员。

二、实验内容

1．编写一个学生和教师数据输入和显示程序，学生数据有编号、姓名、班级和成绩，教师数据有编号、姓名、职称和部门。要求将编号、姓名输入和显示设计成一个类person，并作为学生数据操作类student和教师类数据操作类teacher的基类。

2．编写一个程序，计算出球、圆柱和圆锥的表面积和体积。

要求：

（1）定义一个基类圆，至少含有一个数据成员半径。

（2）定义基类的派生类球、圆柱、圆锥，都含有求表面积和体积的成员函数和输出函数。

（3）定义主函数，求球、圆柱、圆锥的表面积和体积。

3．定义一个日期（年、月、日）的类和一个时间（时、分、秒）的类，并由这两个类派生出日期和时间类。设计主函数完成基类和派生类的测试工作。

实验四　多态性与虚函数

一、实验目的

1．掌握用成员函数重载运算符的使用方法。

2．理解并掌握利用虚函数实现动态多态性和编写通用程序的方法。

3．理解虚函数在类的继承层次中的作用，虚函数的引入对程序运行时的影响，能够对使用虚函数的简单程序写出程序结果。

二、实验内容与步骤

1．利用虚函数实现多态性，设计一个通用的双向链表操作程序。链表上每一个结点数据包括姓名、地址和工资。要求建立一条双向有序链表，结点数据按工资从小到大的顺序排序。

2．利用虚函数实现的多态性来求四种几何图形的面积之和。这四种几何图形是三角形、矩形、正方形和圆。几何图形的类型可以通过构造函数或通过成员函数来设置。

3．定义一个复数类，通过重载运算符“*”和“/”直接实现两个复数之间的乘除运算。编写一个完整的程序，测试重载运算符的正确性。要求乘法“*”用友元函数实现重载，除法“/”用成员函数实现重载。

实验五　输入输出流

一、实验目的

1．熟悉输入/输出流及流类库的作用。

2．掌握控制流输出宽度的函数。

二、实验内容

1．定义一个 prompt() 的输入控制器，它提示用户输入一个十进制的浮点数，然后按照格式输出：

```
aaaaaa
******aaaaaa 输出
```

要求：

（1）将其进行修改，再定义一个用于设置数据的输出格式的函数 new_form()，完成程序的设计，要求实现写入文件操作，写入文件的格式如下：

```
123   123.123456   A
********************123
This is my file.
```

（2）输入的数据被写入磁盘文件 myfile2。

（3）编写程序实现将 myfile2 的内容读出。

2．编写一个 AutoWeb 程序，实现自动生成网页的功能。

要求：

（1）直接将用户输入的内容存储为 Web 页。

（2）在 Web 页面中实现加入标题功能。

参考文献

[1] 谭浩强主编．陈维兴，林小茶编著．C++面向对象程序设计．北京：中国铁道出版社，2007．

[2] 温秀梅，丁学钧主编．Visual C++面向对象程序设计．北京：清华大学出版社，2006．

[3] [美]Harvey M.Deitel, Paul James Deitel．C++大学教程（第二版）．北京：电子工业出版社，2001．

[4] 李春葆编著．C++程序设计导学．北京：清华大学出版社，2002．

[5] 马锐，胡思康编著．C++语言程序设计习题集．北京：人民邮电出版社，2003．

[6] 钱能主编．C++程序设计教程．北京：清华大学出版社，1999．

[7] [美]John R.Hubbard 著．Programming with C++．徐漫江，王栋，何路等译．北京：机械电子工业出版社，中信出版社，2002．

[8] 张基温编著．C++程序设计基础．北京：高等教育出版社，1996．